Investment

Investment

巨星天使投資人的誕生

從有錢，變超有錢！
好萊塢與體壇如何破解創投密碼，顛覆矽谷

查克・歐麥利・葛林堡
Zack O'Malley Greenburg——著

林奕伶——譯

A-List Angels

How a Band of Actors, Artists, and Athletes Hacked Silicon Valley

Contents 目錄

【推薦序】

他們證明，人生就該把握機會

Jenny

常聽到有人討論一個問題：這個世界到底是愈變愈好，還是愈變愈糟？關於這個問題，我的想法是多數人眷戀著過去的美好，卻忘了當下所擁有的幸運與機會，才是可以為我們開創美好未來的鑰匙！閱讀《巨星天使投資人的誕生》這本書，更強化了我相信世界是一直向前進步，也持續往更平等的方向前進的想法。

所謂巨星天使投資人，是指那些站在舞台上（無論是表演還是體育項目）享受觀眾注目與掌聲的大明星們，同時他們的另一個角色是許多新創企業的天使投資人，在這些公司還沒於市場嶄露頭角時投入資金，成為股東，和公司一起成長，最後連本帶利賺取豐厚的報酬。

但是，其實在很久以前這些巨星鮮少有這些機會，真正地參與資本市場，或擔任經營者的角色。過去像貓王這樣的國際巨星，雖然有豐厚的演出酬勞，但在去世後卻沒留下什麼，多數的財富與名聲如雲煙，在其死後逐漸消褪。所幸，一位演員威廉・沙特納（William Shatner）在1990年代末期以股票代替現金，替線上訂票網站Priceline.com代言，為未來在娛樂界風行的把名氣與創意轉化為公司股票的獲利模式埋下種子。

時至今日，包括演員艾希頓・庫奇（Ashton Kutcher）、從籃壇退役的傳奇球星俠客・歐尼爾（Shaquille O'Neal）等原本非投資界的大人物，都已在創投領域擁有一席之地。這些財富不是憑藉表演與比賽所賺來的，而是靠投資獨角獸累積鉅額財富，他們的變現方式正如同艾希頓・庫奇所說：「想辦法把自身變成對股價期望值有貢獻的人，無限獲利想像就在你手中。我寧可賭自己能幫助提升品牌價值，而不是將自身優勢送到企業手中」。

稀有的點子與機會不再是少數人掌握的專利，權力也逐漸從科技權貴轉移至另外一個不同的領域，包括小賈斯汀（Justin Bieber）、女神卡卡（Lady Gaga）等名人將自己塑造成品牌，他們擁有更多文化洞察力與消費者眼光，把社群媒體當企業經營，打造超級影響力；他們比過去掌握更多自主權，可以為自己的權益發聲，甚至為世界做出更多改變與回饋。

隨著市場的變化與科技的進步，更多人希望投資環境可以朝更公開與平等的去中心化方向前進，在未來有望可讓更多一般投資者，參與到企業的早期發展。

當然，這過程當中絕對不是沒有風險的，書中提到許多成功案例，但也不乏失敗收場的痛苦教訓，投資人必須在每一次的決策中學習吸收，獲取寶貴經驗並不斷成長。在你開始這趟旅程前，不妨先閱讀本書，認識這群人的投資樣貌與思維，從中領悟更多不一樣的靈感與想法。

（本文作者為「JC財經觀點」創辦人。）

【推薦序】

勇於學習，擁抱科技趨勢

吳億盼

如果提到艾希頓・庫奇、潔西卡・艾芭（Jessica Alba）、饒舌歌手五角（50 Cent）、葛妮絲・派特洛（Gwyneth Paltrow）以及俠客・歐尼爾，你會想到他們的演藝事業或運動表現，還是他們所投資或創立的公司？

這是一本非常有趣的書，也是一部關於南加州（好萊塢）與北加州（矽谷）之間幾十年來交惡、交織、交流與交心的故事。兩方從互不相干、互相不屑（科技人覺得明星無腦，明星覺得科技人長得醜）、短期浪漫（史蒂芬・史匹柏〔Steven Spielberg〕時代）、信任破裂（網路泡沫時代及數位化的版權之爭）到二見鍾情，然後發現彼此需要，以至現在名人與新創、平台與內容之間，已成密不可分的關係。

演藝人員與運動員能夠透過名氣獲得更多財富，是經過二十多年來的變化，才有如此光景。從前，好萊塢的演員雖然有名氣，但他們都是隸屬於經紀公司的「員工」，也花了許多時間才爭取到作品的一部分版權。而書中也提到，籃壇傳奇球星俠客·歐尼爾有感於近八成的退役NBA球員，其實都會很快面臨破產窘境，他在退休前便決定不走上這條末路，於是提早進行摸索，逐漸領略投資談判之訣竅，然後聰明地利用自身名氣，得以成為新創公司的早期投資人並擁有股份。

最早期是流行樂天王麥可·傑克森（Michael Jackson）和籃壇天王巨星麥可·喬丹（Michael Jordan）的初試啼聲，將自身影響力擴展到籃球和音樂之外的領域。麥可·傑克森雖然財務管理不佳，但他卻是第一位開始大量購買其他創作者版權的歌手。麥可·喬丹因與耐吉（Nike）合作喬丹鞋後開始有大量的業外收入，也開創了「名人成為品牌」的這條獲利之路。書中所陳述的許多幕後投資故事，因為要嘛是相當有名的人物，要嘛就是如今大家耳熟能詳的科技平台，如Google、YouTube、Spotify和Instagram，因此讀來令人覺得十分過癮。

在書中，作者也呈現了不同領域之間，因文化差異而衍生的趣事。例如當女神卡卡獲邀到Google總部參觀時，Google的高層向他展示某種產品正在進行測試的兩種綠色色調，並向她說明如何用數據來決定用哪個色調，然後問她對於這樣的決策邏輯有什麼看法？女神卡卡則回答：「畢卡索會給自己的畫做A/B測試嗎？」

雖然我們大部分的人很難接觸到如此等級的名人，但從這本書中，我領悟到「勇於跨領域學習」這件事的重要性。名人雖然被人熱烈追捧著，但世界上的騙子也很多，所以他們也很容易被有心人利用。書中幾個比較成功的範例，當然有一定的運氣成分，但他們幾乎都繳了學費，而且願意花時間去了解、請教及學習。另外，我也窺見在資訊世代中，沒有任何行業能跟科技脫勾。往後所謂的「科技業」之定義，將比現在更加廣泛，不管是商業、農業、演藝甚至人文，包括科技業從業人員，都必須思考一件事：在這資訊時代中，隨著網路效應讓電腦能力變得如此之強的時候，該如何重新定義本身從事的行業之價值。正如同企業家比爾．格羅斯（Bill Gross）所說：「如今已沒有一家公司不是科技公司了。從前娛樂公司自認與科技沾不上邊，但那已經是過去式。」

（本文作者為「讀書e誌」粉絲團版主。）

【前言】
巨星天使投資人現象

某個溫暖冬夜，在一家位於波士頓的小餐館，好萊塢明星艾希頓・庫奇拉低頭上的洛杉磯道奇隊棒球帽，整個身子躲在冰箱大小的柱子後方。這位曾演出熱門電影《豬頭，我的車咧？》（*Dude, Where's My Car?*）的明星造訪波士頓，參加「富比世傑出青年峰會」（Forbes Under 30 Summit），共有超過6000位年輕創業家一同與會。其實不久前，我才剛在《富比世》（*Forbes*）雜誌寫了一篇他的封面故事。當他和我簡單打過招呼後，他的視線飛快掃過室內，看得出來他滿心希望至少暫時別被人發現——不是要避開索取簽名的人，而是源源不絕的新創公司創辦人對他緊追不捨地要求投資。

庫奇和他的事業夥伴——U2及瑪丹娜的經紀人蓋伊・歐希瑞（Guy Oseary），在2010年以3000萬美元成立一家名為「A級投資」（A-Grade）的風險投資公司。短短幾年，就靠著投資Uber、有「搜歌神器」之稱的Shazam、Airbnb、圖片分享社群平台Pinterest等新創公司，將資金規模擴大至2.5億美元。庫奇告訴我：「當你學會如何找到一匹千里馬，就會發現讓馬向你走來其實不難。」

名流投資家的崛起

這只是好萊塢與矽谷相互激盪出發財契機的其中一個故事。如果各位認真環顧整個美國娛樂業，就會發現這世上頂尖的演員、藝人以及運動員，手上都持有美國最熱門科技公司的股份：流行天后碧昂絲（Beyoncé），Uber；籃球明星凱文·杜蘭特（Kevin Durant），快遞幫物流公司（Postmates）[1]；網壇天后小威廉絲（Serena Williams），加密貨幣交易所Coinbase；知名影星傑瑞德·雷托（Jared Leto），零手續費網路券商羅賓漢（Robinhood）；以及影歌雙棲的珍妮佛·羅培茲（Jennifer Lopez），金融科技公司Acorns，而這些還不是全部的名單。這些早期的新創公司投資，全都在往後由於股價上漲或產品熱賣，成長為估值超過億元的公司。美國創投公司及風險投資人，如今每年投注約1000億美元在新創公司，寄望能

1　2020年7月Uber斥資26.5億美元收購該公司，杜蘭特的持股價值也飆升至1500萬美元。

在這些投資中找到下一家億元級的企業。

大型投資公司向來是唯一能輕鬆接觸這類公司的業者，此外就是少數手握大筆資金的個人投資家——或以創投業的說法，稱為「天使投資人」。如今卻有一票娛樂界巨星，找到一個可參與淘金的方法，這個方法通常是以折扣價（有時候甚至是免費），成功**將稍縱即逝的爆紅人氣，轉化為長期的財富收益**。這是一場歷經數十載的轉變，終於讓娛樂從業人員從此擺脫領薪階級（被有錢老闆利用），晉身成企業的擁有者，並有機會掌控自己未來的財務。

本書便將焦點放在這些代表性人物，是如何帶起這波熱潮。在這些巨星投資人名單當中，首位人物非庫奇莫屬，這位出身愛荷華州的大學中輟生，藉著對資本投資的愛好，成為好萊塢具有影響力的影星。NBA名人堂球星俠客．歐尼爾是這群人當中，絕無僅有取得MBA學位的成員，那是在1999年Google尚未公開上市，他首開先例投資該公司之後的事。嘻哈皇帝納斯（Nas）早期投資歌詞網站Rap Genius（現名為Genius）引發一場轟動，後來又增加包括Dropbox與Ring等公司之持股。當亞馬遜2018年以10億美元買下Ring時，納斯趁機變現獲利。

這些娛樂界的早期投資拓荒者，不僅在娛樂界開啟一道多樣貌的投資之門，也在本書分享他們的投資故事。知名DJ兼音樂製作人史帝夫．青木（Steve Aoki）告訴我，他如何從Airbnb到SpaceX等新創公司慢慢增加持股的故事；NFL傳奇球星托尼・岡薩雷斯（Tony Gonzalez）講述他將健身應用程式賣給Fitbit的獲利，與他在球員生涯巔峰時期的薪酬不相上下；演員蘇菲亞・布希（Sophia Bush）對我細說她如何從電視明星，轉變成尋求如Uber之類早期投資機會的專業投資人。

另外也有一些娛樂界經紀人，更是從投資矽谷公司中取得巨大成功，他們在幕後推動這個巨星天使投資人現象。前面提到的蓋伊・歐希瑞在以色列長大，年少時搬到洛杉磯，後來當上瑪丹娜和U2的經紀人，之後與庫奇合作創立A級投資公司。特洛伊・卡特（Troy Carter）在成為Spotify的經營團隊之前，擔任女神卡卡的經紀人多年。接著不得不提到的人物是本・霍羅維茲（Ben Horowitz），他是創投公司安霍創投（Andreessen Horowitz）的共同創辦人（另一位是網景〔Netscape〕創辦人馬克・安德森〔Marc Andreessen〕），本身也是一位嘻哈樂迷，納斯和其他演藝人員跟著安霍創投加入無數重大投資案。以本這位矽谷菁英來說，可說是最具代表性地，替這些巨星天使投資人與矽谷公司雙方建立雙贏局面的人物。

在大約十年期間，這些投資人累積驚人身家，有些人更從天使投資人或創業家角色畢業，進而開始成立自己的風險投資公司。他們通常會互相分享理想的投資機會，幫助許多新創公司成長為億元級龐然大物，同時也幫助創意人獲得空前財富。對這一群只有少數是大學畢業生的人來說，這真的不簡單。

「企業家精神很重要的一面是，你得願意做任何與公司營運有關的事。我認為這些企業創辦人都看見我們這種本業是活動宣傳的人物，為了成為企業家一員而辛勞的一面，我想他們都尊重這一點。」特洛伊．卡特說。

但，看看貓王的下場

卡特和他的同伴親自示範一群富有想像力的圈外人，如何運用二十一世紀最大的財富創造機器，成功變現賺錢：經濟大衰退（Great Recession）後，由創投刺激而推動的科技榮景。然而科技、藝術以及名氣之間由來已久的連結糾葛，可回溯到工業革命，當時印刷術的進步有助為英國詩人拜倫爵士（Lord Byron）鋪路，讓他的作品廣為流傳，並成為第一位名符其實的現代名人。

後來到了二十世紀之交前，湯瑪斯．愛迪生（Thomas Edison）的發明，又為現代電影明星以及擴大傳播內容的工具做好準備。在好萊塢片廠制度（studio systems）的早期，演員報酬相當低，像當時的超級巨星詹姆斯．賈格納（James Cagney），就曾威脅要離開華納電影公司（Warner Brothers）

去上醫學院，以此爭取到加薪。而除了像美國棒壇傳奇貝比·魯斯（Babe Ruth）這種罕見的例外，職業運動員都必須在球季外的時間做些臨時工，才能維持生計。而音樂人的情況大概是最惡劣的，有些優秀樂團幾乎是白白簽字讓渡他們的著作權。因為運動員、演員以及藝人的事業生涯通常很短暫，而且一旦這些公眾人物過了黃金時期，賺錢機會就急速減少。

「我們會變老，就像所有人一樣。我們貢獻自己的藝術天分，也很高興因此而拿到報酬，我們過得很開心。但，看看貓王的下場。」納斯這樣對我說。

貓王1977年過世時，他的財富也快速縮水，事實上在他之前的無數明星也是一樣。到了1980年代，薪酬開始全面改善，當時有兩位麥可——籃壇明星麥可·喬丹及流行天王麥可·傑克森，開始將自身影響力擴展到籃球和音樂之外的領域，分別和耐吉與百事可樂協商數百萬美元的代言條件。喬丹的運動鞋版稅提供將名氣變現的新劇本，而嘻哈明星很快如法炮製，為1990年代品牌創建熱潮奠定基礎。沒多久，像吹牛老爹（Diddy）和Jay-Z等人，他們的業外兼職工作（服裝系列，酒類合約，運動鞋），還遠比銷售音樂唱片賺得更多，也成功從饒舌歌手變身財富大亨。

內容為王，還是平台為王？

第一次科技泡沫，讓人隱約注意到某件意義重大的事：**有機會將名氣和創意，轉化為獲得一家公司的股份**，就像演員威廉·沙特納在1990年代末期接受以股票代替現金，為線上訂票網站Priceline.com代言宣傳。但那股趨勢，卻在世紀之交的網路泡沫之後便消失了。一些涉足矽谷的好萊塢投資人當時全軍覆沒，歐希瑞也在其中，「我賺的全都吐了出去。」他說。

即使在新一波的新創公司出現、社群媒體如雨後春筍般蓬勃發展，好萊塢依然心存懷疑，錯過無數投資機會。其中一些人在網路泡沫後重新投入，卻在經濟大衰退期間再次遭受重創。不過，大部分科技界的經營者都是放眼長期，接受微薄薪資加上大筆股權保證。他們夢想著即使總體經濟情況短期看似惡劣，最終也能靠著將新創公司出售或公開上市而致富。而演藝人員依舊希望先拿到大筆現金，即使這意味著放棄將來有一天可拿到更大的一筆錢。

「他們的薪酬支付方式，迥異於我們想要的支付方式。」曾擔任蘋果公司高階主管，後轉戰創投公司德豐傑（Draper Fisher Jurvetson，DFJ）的海蒂·羅伊森（Heidi Roizen）說。她是這一行的元老級人物，是Twitter、Tumblr以及SpaceX的早期投資者。

那些創生內容的人與建立內容展示平台的人，兩者間的鬥爭在千禧年時到了轉折點，當時音樂人發現他們的作品，可透過像西恩・帕克（Sean Parker）的Napster及崔維斯・卡拉尼克（Travis Kalanick）的Scour被免費傳播。儘管那兩家公司最後變得面目全非——或是被官司壓垮而不復存在——創辦人卻在短短幾年後，成功在兩家有史以來最具影響力的新創公司東山再起：Facebook（帕克）和Uber（卡拉尼克）。隨著好萊塢圈內人又開始四處尋找新創公司，並有意投資，兩邊就得克服先前的偏見。

「在我最初開始投資時，那是一道鴻溝，而我們將它轉變成連結矽谷與好萊塢的吊橋。矽谷對洛杉磯的刻板印象就是守舊過時、愛打官司的恐龍，永不會改變；而洛杉磯對矽谷的看法，則是一群不尊重原創內容的剽竊者。」卡特說。

不過好萊塢和矽谷的共通點，到底是比雙方陣營所知更多。兩個世界的成功者通常都必須遵循類似道路：想出一個震撼人心的點子，然後犧牲一切——時間、金錢、睡眠、人際關係——將之完成到底。從某方面來說，U2的起步也是如Facebook一般的新創公司，因此主唱波諾（Bono）在Facebook公開上市前就投資，實在是再恰當不過。

隨著創作者透過Facebook和Twitter擴大他們的受眾，同時也推升服務本身的價值，於是出現功勞究竟在內容，還是平台之爭論。「這些早期科技公司後來有很多成長到非常巨大，就只因為它們推出很棒的科技。」曾任職於早期的Twitter和Facebook，後來成為創投業者的喬許．艾爾曼（Josh Elman）說，「你覺得酷炫和一時流行，在超棒的科技面前，誰輸誰贏？」

過去十年，可看到好萊塢對矽谷新創公司起了重要作用，反之亦然：從演員潔西卡．艾芭的消費品公司誠實公司（Honest Company），到獨立音樂家傑克．康特（Jack Conte）創立的Patreon——一個可讓創作者直接對付費訂戶發表內容的平台，每家公司都收到來自創投業界超過1億美元資金。不過就算自己也創立了一家科技公司，並未改變這些人對創造力價值的想法。

「毫無疑問地，如果沒有人來填入人們喜歡閱讀、觀看和聆聽的東西，那麼網際網路不過就是個空殼而已。不管是在Patreon內部還是外面，我們都堅信『沒有創作者，我們什麼都不是。』」康特說。

矽谷的商業模式

然而從Patreon到Airbnb等公司，如果沒有創投公司的幫助，就不會存在——至少達不到目前的狀態和規模。就像棒球隊或唱片公司選秀，這些巨擘對著數十、甚至數百個有希望的候選者擲骰子，設法找出那些能夠成功捕捉未來世界樣貌的極少數創業家。

這些公司的「造雨人」[2]通常稱為「普通合夥人」（general partner），為被稱為「有限合夥人」（limited partner）的富裕人士尋找投資機會，並收取約2%的基金管理費，以及從每筆獲利收取約20%（避險基金的結構與此相仿）佣金。這是非常高昂的代價，但投資人買進基金，就能充分利用精明的普通合夥人之專業能力以及廣泛的機會（又稱交易流量），因而有機會將資金挹注到許多不同的新創公司，而不是將所有雞蛋都放在一個有風險的籃子。

創業家接受這些公司的資金，只有一個簡單理由：創業通常是現金密集的事，大部分想出優秀點子的人，通常沒有資源可獨力「拔靴」（bootstrapping，新創公司用來表示自籌資金的行話）。創辦人最終需要辭掉正職工作、聘請工作人員、租辦公室，而且通常需製造實體產品以及處理其他諸多例行事項。一般來說，他們的起步是向能承擔風險的「天使」（他們必須證明自己是「合格投資者」〔accredited investor〕，意思是年收入超過20萬美元，或資產超過100萬美元）募集第一輪投資。

一般來說，要找到願意一擲千金、冒險投資羽翼未豐的公司（通常沒有任何營收，更遑論獲利）的天使投資人並不

2　rainmaker，指為公司創造大量收入、吸引許多客戶或資金，或斡旋交易的人。

容易，因此創投公司往往就在這時進場。無論如何，要拿到一張支票不是件簡單的事：大約97％的新創公司始終得不到金援。[3]極少部分的新創公司確實獲得某種形式的早期投資，一般稱為「種子輪」（seed round），接著繼續朝更正式的募資活動進行，稱為「A輪」（Series A）；後續幾輪則稱為「B輪」（Series B）、「C輪」（Series C），以此類推。在這過程中，新創公司通常會將重心從爭取使用者轉向營利，目的是爭取被另一家公司收購或公開上市。

頂尖的矽谷創投公司有優先權，並只投資這個群體的一小部分（一般投資人要等到公司公開上市才能入場，而這通常已是公司成長許多年之後，且創投公司早已吞掉最大塊的回報）。雖然說棒球員如果上場十次只能上壘兩次，那是無法留在大聯盟的，但20％的命中率對創投公司來說已經相當滿意了，而且只要一次大滿貫就能彌補前面許多次的三振出局。投資一家看似尚未能獲利的企業，有時是在等待一頭億元級「獨角獸」的誕生（現在還有「十角獸」〔decacorn〕和「百角獸」〔centicorn〕，代表估值更大）。當然最後可

3　作者註：《天使投資》（*Angel Investing*）作者大衛・羅斯（David S. Rose）2018年8月於紐約接受作者採訪。「（天使投資人）沒有正式的出沒地點。另一方面，我看多了這種事，有些人只是走運。我的意思是，你可能是個在路邊賣熱狗的，結果那個每天多給你一塊小費的傢伙，正好是麥克・彭博（Mike Bloomberg）……你說：『我打算創業。』然後他說：『那好，我會給你10萬美元，去設立一個新的熱狗攤。』」大衛・羅斯說。

能落得血本無歸、滿盤皆輸，不過換個角度想，如果成功了，回報將非常可觀。以紅杉資本（Sequoia Capital）來說，當初投資蘋果與Zappos等公司的數百億美元資金，換得的報酬如今加總起來超過3.3兆美元。

「這就是矽谷的商業模式，你可能賠錢賠了很長一段時間，然後有一天卻發現自己成了富翁。」德豐傑的羅伊森說。

名氣換股權，比代言更明智

對娛樂界人士來說，拿名氣、創造力（有時還有現金）來交換股權，已證明是遠比收取產品代言費賺錢來得更加明智，這等於是創造了一個可長久存續的獲取財富之源，那是1990及2000年代初的品牌延伸所不能及的。利用名氣建立服裝聯名系列或同名運動鞋確實令人佩服，但如果把名氣本身帶來的價值投資在Uber和Airbnb這些估值數百億美元的公司，則又是另一回事，特別是這類新創公司選擇不斷往後推遲首次公開發行（IPO）的時間。

「想辦法把自身變成對股價期望值有貢獻價值的人，則無限的獲利想像就掌握在你手中。我寧可每次都賭自己能夠幫助提升品牌價值，而不是將自身優勢送到企業手中。」庫奇說。

換句話說，**對娛樂界明星來說，藉由投資自己中意的公司，有機會比接受每一次的產品代言費用，獲利更多**。在這種協議下，明星取得那些將顛覆世界經濟的未成熟公司之股份，也等於取得致富優勢；而新創公司則利用這些知名投資者的社群追隨者及人脈，爭取到更多新用戶和聲望。大型創投公司有大量現金可揮霍，並不在意對初期階段的新創公司投資五、六位數資金。而對新創公司創辦人來說，其他選項通常就是向較小規模的創投或天使投資人募資，但他們不會提供任何重要的人脈關係。

「對投資新創公司來說，通常是名人付出許多。縱使公司創辦人無意利用名人投資者，但對他們來說確實獲得不錯的交易條件。」麥可·馬（Michael Ma）說，他是美式足球傳奇四分衛喬·蒙塔納（Joe Montana）於2015年創立的風險投資公司Liquid 2 Ventures之合夥人。

好萊塢和矽谷有許多相似之處，也包括許多不幸的地方。兩者都苦於缺乏多樣性，女性及少數族群的代表性嚴重不足，特別是在高階主管層級。就像許多觀察家近幾年得知的，娛樂業界和科技業界都普遍有性騷擾和性侵的問題。然而這種趨同性讓情勢變化到一定程度，將形形色色的投資人和創業家帶進新創公司的世界——促使人口結構更嚴重地往白人男性傾斜。

在這過程中，演藝人員爭取到機會，不但能以販售作品獲利，有時更能掙得作品發行平台的股份。「真正的故事是，在這個尷尬的轉型階段，所有藝人都以為藝術再也不會是賺錢的方式，所以他們開始驚慌失措。」瓦拉赫（D. A. Wallach）說，他從搖滾歌手成為Spotify駐站藝人，也是第一位說服卡特等人投資這家串流音樂服務公司的人，「而且他們全都在追逐科技業，因為他們相信在那裡可充分利用自己在娛樂業建立的品牌權益賺錢。」

有錢有名的人，如何更有錢有名

十多年前，我在《富比世》雜誌擔任媒體及娛樂線記者，我也是《年度世界百大名人榜》（*Celebrity 100*）特刊的編輯，因此爬梳超級巨星的獲利能力便成為我工作的一部分。當第一批巨星天使投資人出現時，我也一直記錄著中間的發展歷程。其實這個工作計畫始於2012年的雜誌封面故事，標題為〈創投家小賈斯汀〉（Justin Bieber, Venture Capitalist），那是在小賈斯汀的經紀人、同時也是好萊塢知名經紀人史考特・布勞恩（Scott Braun）幫他爭取到Spotify及其他新創公司的股權之後。幾年後，我和剛拿下爆爆洋芋片（Popchips）股份的凱蒂・佩芮（Katy Perry）在羅馬漫步；2016年，我用Uber叫了一台車，載著我和庫奇與歐希瑞在洛杉磯四處晃晃，而我也是首次聽到A級投資公司的完整故事。

在這期間，我也報導過像麥可．喬丹、珍妮佛．羅培茲、凱文．哈特（Kevin Hart）、亞瑟小子（Usher）以及馬克．華柏格（Mark Wahlberg）等人投資新創公司的消息。我的前三本書探討Jay-Z、吹牛老爹、德瑞博士（Dr. Dre），以及麥可．傑克森如何將他們的名氣成功變現賺錢。我自己也有一些好萊塢經驗，兒時曾在1992年的電影《羅倫佐的油》（*Lorenzo's Oil*）飾演羅倫佐一角（只是並未因此令我懂得及早投資現在的獨角獸）。

本書寫作資料來源是根據我與超過100位身處娛樂及科技交叉點上的人士之對話，其中包括這些年來我對庫奇、歐尼爾以及納斯等巨星天使投資人所做的採訪，或者特地為本書而進行的訪問——很多時候是兩者皆有。本書內容也包括和幕後要角的廣泛交流，如歐希瑞和卡特；從格雷洛克風險投資公司（Greylock Partners）到光速創投（Lightspeed）的風投機構投資者；以及新創公司的高階主管及創辦人，如Acorns、Genius以及羅賓漢（如果你需要隨時弄清楚這一大堆人名和公司名，請翻到書末的名詞解釋）。

對一般讀者來說，發現已經有錢又有名的名人是如何變得更有錢、更有名，或許會感到憤怒不已，因為接下來描述的大部分交易，一般人是根本接觸不到的。當然，你可以避免和應得的資產失之交臂，舉例來說，如果雇主的401（k）

相對提撥達工資的3%，而你沒有善加利用，那就是忽略了一個免費資產的來源。但除非你是像歐尼爾那樣的人，否則沒人會拍拍你的肩膀，邀請你在Google 上市前投資；也不會有新創公司的創業家在你家外面排隊，提議用公司的免費股權，換取你發個幾則推文做廣告宣傳。

不過這些巨星天使投資人所採用的致富策略，其實頗有啟發意義。庫奇和歐希瑞的第一檔基金靠著套用特定的投資哲學，創造八．五倍的回報：尋找解決實際問題（Uber撼動欲振乏力的計程車業，乃至人們擁有汽車的想法），並投入看似令人感到乏味無趣領域（人力資源領域，而非共享飛機）的公司。庫奇是名人中罕見的例子，他通常親自上陣做調查準備工作，而不是仰賴信任的顧問（當然有時也會這樣做）。不管是平凡人還是名人，先從低手續費的指數型基金與專業建議的組合基金開始，再涉足較不熟悉的領域，都是相對上明智的做法。

「艾森豪曾說，最優秀的領導人，是那些懂得聘請比自己更聰明的人的聰明人。所以，我找到很多真正知道自己在關注什麼的人。」歐尼爾說。

「有錢」，是會立刻失去的幻影

隨著好萊塢與矽谷的關係演變，名人在新創公司的角色也有了變化。明星在接受免費股權時，往往也要付出代價，就像他們從失敗的公司如Viddy（Instagram的仿冒品）及BlackJet（私人飛機版的Uber）所學到的。創業家也學到，有切身利益的名人——特別是那種購買股權（即便是以折扣價購買）而非被贈與股權的人，往往是更理想的合作夥伴。一開始用成本不高又具吸引力的方式引起對方注意，很多時候跟爭取未來的產品用戶沒什麼關係，而是為了和沒沒無聞的公司與大型企業——或其他名人投資者——扯上關係。喬・蒙塔納跟所有人一樣清楚這點。

「一開始我會跟新創公司見面會談，實際上我的角色比較偏重在將來他們發展得久一點的時候。」他說，「他們期待被引薦給一些大型機構，像威士（Visa）、美國運通（American Express）。我可以引薦一些熟人，讓他們接觸到全食超市（Whole Foods）或其他人。就算我沒有門路，多數時候也能取得聯絡機會。」

從本質上來說，這是個一群長期以來報酬過低的勞動者，終於爭取到他們應得收入的故事。這也是一個鼓舞人心的故事，一群勞動者——曾經為人所知的是他們快速累積現金並揮霍一空，或被無良經理人騙光資產——最終找到一條穩健致富道路，將短期收入轉換成可持久的資產。

喜劇演員克里斯・洛克（Chris Rock）曾說：「財富是可代代相傳的。你不能不努力累積財富。畢竟『有錢』是度過一個瘋狂夏季，或染上嗑藥習慣就會立刻失去的幻影。」

這些巨星天使投資人的努力成果，正推動著世代財富的重分配，也使得美國社會上層階級的樣貌產生改變。Jay-Z已是億萬富豪；德瑞博士與吹牛老爹則即將成為富豪。正如本身已是百億富翁的碧昂絲，在〈老闆〉（Boss）這首歌中所言：「我的玄孫已腰纏萬貫／今後《富比世》榜上會有很多棕色。」

這是一個述說社會變遷的故事，也是身在其中的那群人的故事。

Chapter 1

只是雇員

在大西洋城木板路上方約兩公尺處，俠客・歐尼爾從他在海洋賭場度假村位於45樓的頂級套房，志得意滿地俯瞰著海濱俱樂部會場。在歐尼爾與海洋之間，色彩鮮豔的小飛機掠過水面，就好像從前在籃球場上，矮小的控球後衛跟著他緊追不捨的樣子。半小時後，他將以一個新的身分，出現在樓下那間俱樂部：DJ。

熟練地轉動唱盤的DJ，是歐尼爾頭銜清單中最新增添的一條，這份清單除了名人堂籃球員外，還包括摔跤手、播客主持人、商品宣傳大使、電視名嘴、副警長、綜合格鬥家，以及：創投家。最後一個頭銜起因於一種情緒，那是大部分人不會和這位325磅（約147公斤）的前NBA球星聯想在一起的情緒。

「恐懼。75％的運動員在從球壇退休兩年後破產，所以我回學校取得商業碩士和博士學位。我觀察像魔術強生及喬丹那些人，而且是非常、非常近距離地觀察。我曾聽人家說：『一定要學投資，而且一定要知道自己到底在投資什麼。』」歐尼爾用他低沉沙啞的聲音，十分嚴肅地告訴我。

因此歐尼爾的學位，比所有巨星天使投資人同行都高——也為他賺得大量財富。他在二十年的籃球生涯中共賺進約3億美元，一年平均差不多是2770萬美元。他還設法挪出時間當演員（在電影《精靈也瘋狂》〔*Kazaam*〕中飾演一位5000歲的精靈）以及唱饒舌（他發行過四張專輯）。即使看似擁有一切，但喜劇演員克里斯·洛克仍指出一個令人不安，關乎美國金錢與種族的現實狀況。洛克在2005年說了一段很有名的話：「歐尼爾有錢，但簽支票給他的白人男性，卻是腰纏萬貫。」

至少那似乎是歐尼爾打球時期的情況。在那之後，他慢慢地開始從有錢變成富裕，其中有部分是靠著獲得新創公司的股份而來。他早在1990年代末期開始投資Google，比該公司首次公開發行早了好些年。他後來繼續投資飲料公司維他命水（Vitaminwater）及智慧門鈴公司Ring，兩者都以十位數金額賣出。歐尼爾也早在Uber及Lyft完成數十億美元的首次公開發行之前，就擁有兩家公司的股份。他的財產自此估計在億元之譜，只不過他不願詳細說明準確數字。

他說：「如果談起數字，我媽會對我感到失望，因為那會像是在吹牛，所以我不想這麼做。」不過就像他愈來愈多的投資家同儕一樣，他確信即使身為一位退休運動員，他在創投業界的風光，有時並不亞於他球員生涯顛峰期的那幾年。

歐尼爾有先見之明地投資Google，也等於是給其他眾多屬於有色人種的娛樂界人士，一條通往長久財富道路的指引。而這個指引，也是對抗如前述克里斯·洛克描述的那種現實狀況的起點，以及給其他未來巨星天使投資人的致富啟發。

歐尼爾或許在將名氣變現這方面是先驅——注資NBA沙加緬度國王隊（Sacramento Kings），又為他的投資履歷增添光彩。

明星也只是工薪仔

從有歷史紀錄起就有名人誕生了，而那些人通常是實際掌權的統治者。所以，名氣的演變值得我們加以探討，才能了解當今的明星是如何利用名氣，為自己賺得大把銀子。

現代對名人的看法，一直要到十五世紀中葉印刷術問世才開始出現，因為科技促進創造力在西方世界擴大發展。在工業革命席捲歐洲時，放蕩不羈的英國詩人拜倫，用他的文字（以及圍繞他私生活的種種風流韻事）擄獲大眾的心，漸漸成為許多人心中第一位真正的超級巨星。

「我知道大眾掌聲的價值，因為鮮少有三流作家能獲得那麼多掌聲。不用我去追求，他們就把我變成一個大眾偶像。」拜倫曾在給出版社的一封信中寫道。即使在當時，名人、創意以及科技的命運，似乎也交織糾纏在一起。1840年代初期，拜倫的女兒愛妲．勒芙蕾絲（Ada Lovelace）為尚未發明的電腦發表演算法。也因此，許多人認為她是世上第一位程式設計師。

將近一世紀後，電影的問世帶來另一種傳播方式，讓創作者的身影得以延伸至無遠弗屆，而非只有文字廣傳。早期的電影生態系統，大多採用由愛迪生創造或共同發明的技術。愛迪生控制著從攝影機、印片機到膠片打孔機等所有專利。因此，早期電影工業在二十世紀開端，萌生於愛迪生長居的紐約一紐澤西。

愛迪生的獨霸地位導致許多電影製作人朝西部發展，當地要執行專利權比較困難：在加州若有使用技術侵權的案子，必須在當地提起告訴，在噴射機出現之前，這對東岸的法律作業是一場後勤噩夢。1910年，導演格里菲斯（D. W. Griffith）在好萊塢拍攝這個小鎮的第一部作品。這部名為《老加州》（*In Old California*）的17分鐘默片，讓好萊塢聲名鵲起。不久之後，美國政府破除了愛迪生在電影業的壟斷控制。

「從控制技術來說，這些專利權一直證明是不夠的。」

耶魯大學電影研究教授查爾斯·穆瑟（Charles Musser）說，他指出加州提供的不只是逃離愛迪生的避難所。「西岸提供若干優勢。一是全年幾乎都是好天氣；另一就是景色優美；還有一點是住在洛杉磯的生活支出比在紐約便宜。」

短短幾年，好萊塢成了美國蓬勃發展的電影產業中心。默片讓路給有聲電影，一些明星創立獨立製片公司；還有些則從新興的片廠制度搾取可觀金額。卓別林（Charlie Chaplin）拿到八部雙軸（two-reel）喜劇短片（每部的長度大約是現代的半小時情境喜劇）、100萬美元的合約（現今約1800萬美元）。到了1919年，他與格里菲斯及另外兩位明星同行：道格拉斯·范朋克（Douglas Fairbanks）及瑪麗·畢克馥（Mary Pickford），合作創立聯美電影公司（United Artists），一家由演員擁有及管理的製片廠。但他們無法像往昔的雇主那樣快速發行電影（或建立能與之抗衡的發行傳播網路）。到了二十世紀中，聯美電影的創辦人不是賣出股權，要不就是過世了。這家製片廠後來多次易手，漸漸偏離原來的創設使命。

隨著時光流逝，好萊塢最有名氣的名人依然深陷財力平庸之困境。奧斯卡得獎演員詹姆斯·賈格納在1930年代初期，每周收入1250美元，當他發現狄克·包威爾（Dick Powell，和賈格納一樣是音樂歌舞片演員，生涯後期一直在扮演黑幫分子）的收入卻達到4000美元時，愈發耿耿於懷。

他揚言要離開大銀幕，去哥倫比亞大學攻讀醫學，因為在當時，醫生的薪水完全是演員難以望其項背的，而他的雇主心知肚明。1932年賈格納提出抗議之後，華納電影公司給他新的合約，保證每周支薪3000美元；到了1935年，又提高到4500美元。

第二次世界大戰後，吝嗇的製片廠意圖給重返好萊塢的戰爭英雄限制收入上限。媒體公司米高梅（MGM）企圖強迫吉米・史都華（Jimmy Stewart）先補足他因在歐洲打仗五年所累積的工作時數，再談新條件。經過來回爭執交涉，製片廠做出決議，判定他先前的合約終止，史都華不再是米高梅的員工。因此他接下來的演出，必須屈就一部小型的獨立製作影片：《風雲人物》（*It's a Wonderful Life*）。

明星可用來代言，其他人靠邊

二十世紀前半，唯一算得上充分將名氣變現的明星是貝比・魯斯。當時的運動員在一連串的球團選擇權下，被球隊以合約約束綁定。魯斯與波士頓紅襪隊的第一份合約是在1914年簽訂，保證三年的年薪是3500美元，如以今日的幣值計算約為88000美元。[1]紅襪隊在1919年球季之後將他交易到洋基隊，沒多久，魯斯在經紀人克里斯提・威爾許（Christy Walsh）的協助下，奠定他最佳棒球選手以及球場外最吸金明星的地位。1926年，魯斯靠打球賺進52000美元薪水，又拿下在球季後進行十二周綜藝巡迴表演的10萬美元合約，另外還在好萊塢電影《貝比回家》（*Babe Comes Home*）擔任主角，賺進大約75000美元。

不過，魯斯的業外活動並非全都成功。曼哈頓一家名為「貝比魯斯男子商店」的男士服飾用品店僅維持六個月；而一款名叫「魯斯全壘打」糖果點心，則是在「寶貝露絲」（Baby Ruth，以當時總統克利夫蘭〔Grover Cleveland〕的女兒為名）製造商提出申訴後，被美國專利及商標局否決。不過魯斯的副業收入也讓他在與洋基協商薪資時，握有談判籌碼。洋基隊在1930年的球季前，拒絕將他的薪資提高到10萬美元，魯斯就提醒老闆，他「就算今天離開球壇，這輩子每年都能有25000美元收入。」洋基隊立刻將他的薪水從7萬美元調升到8萬，比次高薪的球員高出四倍有餘（投手賀伯・潘奈克〔Herb Pennock〕的薪資是17500美元）。

「魯斯擁有各種手段，可用來行銷推廣洋基隊。」長期

1　作者註：魯斯在接下來的合約要求1萬美元，但實得7000美元——以今日的標準來看依然微薄，但對二十世紀初的娛樂界來說算不錯。「我可從來沒有給演員那麼多過。」紅襪老闆哈利・佛瑞茲（Harry Frazee）抱怨道，因為他還身兼百老匯舞台劇製作人。佛瑞茲最出名的是在五年後，以10萬美元加30萬美元貸款將魯斯賣給洋基隊，那筆貸款是以芬威球場（Fenway Park）為抵押擔保，有部分被他用來維持劇場節目周轉。在與波士頓的交易完成前，洋基隊問魯斯在紐約能否循規蹈矩，這名強棒選手回答說：「可以，只要洋基隊將他的薪水提高到2萬美元。」而洋基照做了，但他並未完全遵守協議。

擔任道奇隊主管的羅伯特・史維普（Robert Schweppe）說，「明星球員可用來代言，其他人靠邊。」

在被問到經濟大蕭條期間，拿到的薪資比胡佛總統（Herbert Hoover）更高有什麼感覺時，魯斯給了一個很有名，但也許是後人虛構的回答：「有何不可？我一整年的表現比他還好。」魯斯賺的或許比胡佛多，但現今三大主要運動的最低年薪，都高於美國總統薪水。而且對棒球等領域的大部分大牌名人中，二十世紀中的代言合約所給予的，只是當代明星九牛一毛。[2]

有些人企圖走獨立自主路線。長期以來始終報酬過低的瑪麗蓮・夢露（Marilyn Monroe），在1950年代中期嘗試自行創立製片公司。但夢露發現她無法獨力籌措拍攝影片的資金，最後與福斯（Fox）達成交易，每部電影支付她10萬美元。不過她演出的最後一部電影《瀕於崩潰》（*Something's Got to Give*），與她合演的男主角狄恩・馬汀（Dean Martin）拿到的報酬是她的五倍。

雖然世紀中有許多明星努力改善自身處境，尤其是伊莉莎白・泰勒（Elizabeth Taylor），她在電影《埃及豔后》

2　作者註：從貝蒂・葛萊寶（Betty Grable）到克拉克・蓋博（Clark Gable）等好萊塢偶像，為香菸品牌代言的收入高達1萬美元（以如今的幣值計算約為六位數出頭）。不過考慮到廣告通常覆蓋範圍遼闊，明星又要演練精心編寫的推薦詞，這收入似乎微不足道。

（*Cleopatra*）擔任主角，收入100萬美元——這樣的薪酬遠不及其他知名人士。也就是說，只要製片廠、唱片公司或大聯盟球隊「擁有」人才，薪資就始終是低落的。或許最好的例子是披頭四，他們身陷早期的唱片合約無法脫身，那份合約是每賣出一張唱片只給他們1分錢；他們的詞曲創作合約同樣也是處於不利地位。

「一開始我們並不在乎合約內容寫了什麼，因為我們跟所有創作人一樣，只想向大眾發表我們的創作，但結果手中只有一紙奴隸合約。**無論我們為公司賺了多少錢，都無法加薪。**」保羅・麥卡尼（Paul McCartney）說。

錢不是問題，把思考格局放大

沿著海岸北上，距離好萊塢幾百英里的矽谷，最終成了現今科技榮景的中心，並在「創作者轉變為擁有者」的這個面向上，扮演關鍵角色。但是北加州的第一波淘金熱，卻是發生在十九世紀。東方100英里的尋找金礦熱潮，短短三年就將舊金山的人口數，從1200增加到30萬。1870年代，加州通過法令，禁止公司對跳槽到競爭對手的前員工提起訴訟，這正好與東岸繁瑣累贅的規章背道而馳，也無意間對於久遠之後的科技泡沫，起了推波助瀾作用。

泰・柯布（Ty Cobb）或許是早期矽谷和娛樂界之間的

唯一連結。這位聲名狼藉的棒球名人堂球星，退休後住在加州阿瑟頓的豪宅——這個小鎮最近成了本·霍羅維茲的家，也是他著名的戶外燒烤大會之地——藉助家中安裝的華爾街股票報價器，他的退休生活大部分時間都在交易股票。他沒有利用自身名氣取得免費股權，但睿智地投資當時公開上市交易的新創公司。1961年過世時，他的身家達1210萬美元。「在1918年，可口可樂是一種前所未見的新飲料，可是華爾街卻不怎麼重視，所以我算是大膽下注。隨著時間過去，這家公司讓我得到超過400萬美元的獲利。」他說道。

北加州在往後的歲月，證明是開創性創新的沃土。真空管——能夠擴大音響效果，為現代音樂產業奠定基礎——是在加州帕羅奧圖發明的；而在第一次世界大戰期間，矽谷工程師設計出一台世界最早的收音機。而且科技界並非一直都有性別不平衡的情況：世紀中葉有無數女性追隨愛妲·勒芙蕾絲的腳步，投入程式設計的發展，例如葛麗絲·霍普（Grace Hopper），她是一位數學博士兼美國海軍少將，也是哈佛大學最早的超級電腦幕後推手之一。

由於美國在世紀中葉的太空競賽落後蘇聯，艾森豪總統成立了高等研究計畫署（Advanced Research Projects Agency，現今稱為DARPA），資助足以和俄國史普尼克（Sputnik）衛星相提並論的精妙計畫。該局資訊處理技術處主管是愛抽菸斗的德州人鮑勃·泰勒（Bob Taylor），他明白艾森豪的想法是要資助三個各自有不同通訊系統的電腦研究計畫。因此在1966年，他說服該局局長從彈道飛彈防禦預算撥出100萬美元，用來串聯三個通訊系統，這個連結網路後來稱為「阿帕網」（ARPANET），許多人認為這個網路可以在核戰發生時，提供穩固可靠的通訊。更重要的是，它後來又成了網際網路先驅。

泰勒又資助了若干其他重要計畫，其中格外值得注意的是史丹佛研究員道格拉斯．英格巴特（Douglas Engelbart）的雄心計畫。出生於1925年的英格巴特在海軍服役，之後到矽谷的「埃姆斯研究中心」（Ames Research Center）工作，該中心目前隸屬美國航太總署（NASA）。就像勒芙蕾絲一樣，英格巴特想像有個尚未發明的機器，可儲存人類的資訊供全世界所有人使用，他以追求這個目標為人生志業。他曾說：「有一天，我突然腦袋像被撞擊一樣地恍然大悟，錯綜複雜原就是根本，於是我認為如果能以某種方式，為人類處理複雜緊急事物的方法做出巨大貢獻，那將對全世界有所幫助。」

英格巴特的解決方案是：盡力促成像這樣的東西存在。幾乎沒有人相信他做得到，包括他在NASA的主管。但他有泰勒為盟友，而泰勒又懷抱雄心壯志，想要讓這個計畫成真（「錢不是問題，把思考格局放大。」他這樣告訴英格巴特）。最後全部加總起來的成本大約是17萬5000美元——經通貨膨脹調整後約為130萬美元。

等到英格巴特於1968年在舊金山出席一場電腦研討會，公開「原型機之母」（The Mother of All Demos），他已經蒐集到一套由現成硬體組裝的裝備，運算能力約為現代一部iPhone的千分之一，軟體則從頭開始設計，還有有史以來的第一個滑鼠。英格巴特展示這個作品的性能——和遠在矽谷的同事視訊會議、協作文件、嵌入影音元素。眾人目瞪口呆，在他結束長達90分鐘的簡報後，不禁紛紛起立鼓掌。

泰勒於1969年離開政府機構，在猶他大學教書一年，之後又重新出現在全錄（Xerox）的新帕羅奧圖研究中心（Palo Alto Research Center，PARC）。他在PARC的團隊創造了一部稱為Alto的個人電腦，其首開先例使用的虛擬桌面，如今已是市場主流。但儘管PARC前景看好，全錄在個人電腦領域卻未曾獲得大幅成功，這主要歸因於該公司的東岸高級主管缺乏想像力。正如一位紐約高階主管曾對泰勒說的：「電腦對社會的重要性，永遠也比不上影印機。」

不過現金充裕的公司還是願意支持大膽的新創公司，而這些在二十世紀中葉於矽谷興起的新創公司，也開啟資訊時代之序幕。早期投資新創公司的組織，模仿如羅斯柴爾德（Rothschild）及摩根（J. P. Morgan）等投資銀行的低調作風（有部分是因為這些銀行經常資助戰爭——有時是分別支持同一場戰爭的兩造），正好與好萊塢那種「只要出名都是好事」的思維截然相反。

1960及1970年代出現的創投公司同樣神祕莫測，他們資助的半導體與晶片早期製造商，是催生運算革命之所需，而這些創投公司也獲得了革命的成果。Venrock一開始是洛克斐勒（Rockefeller）家族的創投部門，後來在1969年，成為晶片製造商英特爾（Intel）的首批投資者之一；現今舉足輕重的幾家公司，都是在那之後不久創立的，成了矽谷的人才發掘者。

明星球員，也只是球團的物品

當然，並非懷有大膽構想的人都能拿走大筆現金。棒壇傳奇柯特·佛拉德（Curt Flood）曾是三屆全明星隊成員，但他在體育界的不朽地位，卻歸因於他在球場外的影響力。1969年佛拉德被交易到費城費城人隊，他卻拒絕到該隊報到。「我認為自己不是一個物品，可以毫不顧及我的意願而任人買賣。我想我有權利考慮其他球團開出的條件。」他在寫給聯盟主席鮑威·庫恩（Bowie Kuhn）的信中如此說道。

佛拉德的陳述直接挑戰「保留條款」（reserve clause），該條文原先一直列在主要職業運動合約中，球團可透過一連串的選擇權，將球員綁定在球隊。嚴格說來，球員還是可以協商的，但由於他們無法成為自由球員，隨心所欲地到其他地方打拚，因此權力幾乎都握在球隊手上。

「這又回到沒有籌碼可用的狀態。球員其實處於無路可走的處境。除非是超級巨星，那還有可能堅持不讓步；但如果要賺更多錢，球員其實沒有太多空間。」史維普說。

在這場爭議期間，1970年球季時佛拉德始終坐冷板凳，等到他在1971年重返球場後卻表現慘淡，隨後便宣告退休。退休原因有部分無疑是因為球迷、甚至是一些球員對他的辱罵與詆毀。佛拉德的案子一路上告到最高法院，裁決卻對他不利。不過在1975年時，一名法官的裁決卻是對另一名球員有利，因此保留條款漸漸失去效力。大聯盟投手，綽號「鯰魚」的吉姆．杭特（Jim Hunter）在那年成為現代第一位超級巨星自由球員，洋基隊與他簽下五年375萬美元合約，其中包括100萬美元的簽約金。

佛拉德的例子在棒球界掀起軒然大波，餘波擴及整個體育界，於是一場開始挑戰資方對勞方支配優勢的運動也順勢而起。這個轉變對於數十年後，克里斯．洛克以歐尼爾的故事為例投以關注的「種族動態」（racial dynamics）發展也有影響作用：儘管總的來說，美國三大主要體育賽事的職業運動員絕大多數是有色人種，但直到2002年，都沒有過一位黑人大老闆。而如今，麥可．喬丹是職業美式足球聯盟NFL、美國職籃NBA以及美國職棒大聯盟MLB共92支球隊中，唯一一位非裔美籍的大股東。

喬丹從「有錢」到「富可敵國」，主要歸功於他在生涯早期開始，就在球場外努力嘗試任何新的財務機會。1980年代中期，他和耐吉簽下一份七年1800萬美元合約，協議每賣出一雙Air Jordan運動鞋，他都能收到佣金。早在Instagram出現的幾十年前，喬丹就是一位有終極影響力的人，他將全國電視轉播的籃球比賽當成廣告看板，用來展示耐吉的最新運動產品。在Air Jordan（以及史派克．李〔Spike Lee〕執導的球鞋同名廣告）的加持下，該公司營業額從1987年到1989年翻漲一倍，達17億美元，而喬丹得到的分潤也將他拱上億萬富翁地位。

但對二十世紀末大部分運動員和演藝人員來說，豐厚的酬金未必都能轉化為長期的財富，更別說是中期的財務保障。就像納斯曾在一次採訪中對我說：「金錢不會讓你一直有錢。」

不起眼的矽谷

縱使不斷爆發出具革命性的創意，矽谷本身依然是一堆宜人但不起眼的郊區住宅聚集之地。直至今日，安靜冷清的沙丘路（Sand Hill Road）——貫穿帕羅奧圖、門洛帕克（Menlo Park）以及伍德賽德（Woodside）的主要幹道——是美國許多頂尖創投公司的大本營。他們群聚在辦公園區，除了特斯拉（Tesla）充電站無所不在外，那裡和美國其他富裕地帶幾乎沒有任何明顯區別（德豐傑的羅伊森說：「那是個相當無趣的地方。」）。矽谷簡單樸實的態度延伸到範圍更大的新創公司世界，最有名的是傑夫・貝佐斯（Jeff Bezos）在亞馬遜（Amazon）早期的西雅圖辦公室，用門板做成辦公桌，因為這比家得寶（Home Depot）銷售的辦公桌便宜。

「我們常說的笑話就是，如果一家新創募到資金，第一件事就是開場百萬美元的派對，買下所有赫曼・米勒（Herman Miller）家具，而那是公司即將倒閉的徵兆。」羅伊森解釋道，「不要把錢花在看起來很豪華或華美的辦公室，或者付給每個員工天文數字般的薪水，因為為了將來的回報，那些資源都必須投入到公司裡。」

不過久而久之，矽谷單調無趣的風潮就慢慢淡化了，或許最明顯的就是史蒂夫・賈伯斯（Steve Jobs）。這位蘋果電腦共同創辦人1970年代中期從里德學院輟學，並在雅達利（Atari）公司找到電銲工的工作。他是個急躁易怒卻絕頂聰明的年輕人，喜好東方哲學和迷幻藥（也不常洗澡）。賈伯斯喜愛搖滾樂，他對灣區推動搖滾樂的發展抱持肯定。

「搖滾樂確實（在這裡）出現。」他曾如此說過，並舉吉米・罕醉克斯（Jimi Hendrix）、珍妮絲・賈普林（Janis Joplin）以及傑佛遜飛船（Jefferson Airplane）為例，「這裡還有史丹佛和柏克萊兩所素有威望的大學，吸引了全世界的聰明人，並將他們安置在這個乾淨、晴朗、美好又有許許多多其他聰明人駐足的地方。」

史蒂夫．沃茲尼克（Steve Wozniak）就是這樣的天才之一——對他來說，就算是娛樂消遣，最好也和科技有關（我曾採訪沃茲尼克，問起他對賽格威馬球〔Segway polo〕的熱愛，只不過不是為了這本書而訪問）。他和賈伯斯在森尼維爾的同一條街長大，先是在惠普（Hewlett-Packard）工作，而後在1976年創造Apple I，並與賈伯斯共同創辦蘋果電腦。在賈伯斯家的車庫創立公司後，這對搭檔又升等到庫比蒂諾的辦公室。沉迷硬體設備的沃茲尼克提供技術的專業知識，賈伯斯則天生具備行銷技能。等到設計Apple II時，賈伯斯跑去商場研究美膳雅（Cuisinart）的家電產品找靈感。不同於大多數同行，他清楚知道電腦很快就會成為一種家電用品，而不只是科技發燒友的小玩意。靠著更時髦雅致、更一體整合的設計，Apple II在1977年以1298美元銷售，不到三年就賣出10萬台。

隨著時間流逝，賈伯斯和音樂界的創作者接觸得愈來愈密集，包括工作和私人生活。他在1980年代與歌手瓊．拜雅（Joan Baez）交往，2000年代和波諾結為好友。他甚至為了公司名稱與「蘋果唱片公司」（Apple Corps）相似，和披頭四幾度對簿公堂。蘋果唱片公司，是由披頭四成員在1960年代末期創立，創立宗旨就是為了捍衛他們的商業利益。[3]

「有人把他變成一面路牌，代表科技與人文藝術的交叉路口。那是（賈伯斯）認為蘋果一直在做的事。他不想聘用厲害的程式設計師，而是想聘請本身也是厲害吉他手的厲害程式設計師。」前蘋果高階主管安迪・米勒（Andy Miller）回憶道，他和歐尼爾目前擁有NBA沙加緬度國王隊的少數股權。

不過在1980年代當時，矽谷和娛樂產業之間的距離似乎比庫比蒂諾到世紀城的幾百英里更遙遠。「我不記得自己是否曾經想到好萊塢……那跟去火星差不多吧。蘋果或許是科技業第一個消費主義品牌；我認為史蒂夫的地位與眾不同，至於剩下的大多數人，沒有人知道他們到底是誰。我們不是有名的人，也根本沒人在意我們。」羅伊森說。

賈伯斯和沃茲尼克體現了矽谷兩種成功的刻板印象：精明機巧、有魅力的天才經營公司，笨拙但聰明的工匠則躲在幕後。而好萊塢後續又加深這種十足白人、十足男性的形象，如1980年代中期的電影《菜鳥大反攻》（*Revenge of the Nerds*）與《戰爭遊戲》（*War Games*）。根據《哥托邦》（*Brotopia*）一書作者艾蜜莉・張（Emily Chang）的看法，

3 作者註：1978年，蘋果電腦與披頭四達成和解，前者支付8萬美元給披頭四的公司，並承諾不會進軍音樂事業。蘋果在1991年銷售帶有音樂播放軟體的電腦後，又大賺超過2650萬美元，而2007年在發表iPod後，又支付一筆未透露金額的款項。

那是女性開始從矽谷消失的部分理由。在麥金塔電腦初次亮相那年，取得電腦科學學位的所有學生中，有將近40%的女性；三十五年後，這個數字僅剩下22%。

麥可·傑克森開創性的名氣變現

1980年代，是藝人趨向財務富足的轉捩點。麥可·傑克森還是「傑克森家族」（Jackson 5）成員時，長期都在苛刻壓迫的唱片合約束縛下辛苦工作，每賣出一張唱片只賺得幾分錢。在發行個人專輯《顫慄》（*Thriller*）時，他要求每張唱片銷售收取2美元版稅（在當時是破天荒的條件），後來這張專輯轟動全球，世界銷售破1億張。他並創立自己的服飾品牌，甚至與LA Gear發表一款運動鞋。傑克森並取得百事可樂一紙520萬美元的代言合約，是截至當時音樂人收到這類費用的最高紀錄。

雖然傑克森揮霍無度的印象廣為世人所知，但他其實也做過幾次精明的投資，而其中一筆最好的投資，有部分是受保羅·麥卡尼的偶然指引而做的。「1980年代中期，我和麥可·傑克森閒聊，他問我有關職涯的建議。我說：『謹慎對待你的歌曲，好好把握住你的作品，並進軍歌曲發行事業。』」麥卡尼記得是這樣告訴他的，「然後他就說：『噢，那我要取得你的作品！』我大概笑了出來；我沒想到他是認真的。但他是說真的。」

1985年，傑克森將《顫慄》的獲利，投入在收購「聯合電視音樂出版公司」（ATV music publishing）的曲目上，總共花了4750萬美元。這起收購案包括披頭四幾首最暢銷曲目的版權，那是他們生涯早期對合約還一無所知時所疏忽遺漏的。收購聯合電視音樂出版公司，證明是傑克森做過最精明的一次交易，讓他持有的資產價值增加數倍。然而他的服裝事業計畫，才是讓他將名氣變現的新方法，而這個變現模式，後來也影響流行音樂圈整整十年。

1986年的某個晚上，在麥迪遜花園廣場舞台上的一個舉動，徹底轉變了音樂人的賺錢方式。人氣嘻哈團體Run-D.M.C.上台後不久，其中一名團員請觀眾脫下鞋子高舉。群眾聽話照做後，舞台開始播起〈我的愛迪達〉（My Adidas）這首歌，而數千雙德國鞋商愛迪達（Adidas）的貝殼頭款球鞋（shell toes）則猛然飛向屋梁，讓Run-D.M.C.的經紀人所邀請的嘉賓——坐在頂層高級包廂的愛迪達高階主管大吃一驚。在目瞪口呆之餘，他們隨即給了這個樂團一張百萬美元的球鞋代言合約，從此嘻哈音樂與廣告主之間攜手賺錢的聯盟就此誕生。

然而大致來說，演藝人員不過是待遇日益豐厚的「雇員」，仍舊不是資本家。到1990年代末期，從哈里遜・福特（Harrison Ford）到梅爾・吉勃遜（Mel Gibson）等好萊塢明星的年薪紛紛超過5000萬美元，而如歐尼爾與老虎．伍茲（Tiger Woods）等知名運動員則緊追在後。音樂界方面，後蘇聯時代的東歐以及亞洲與南美洲等日漸富裕的國家，開啟了大型美式圓形劇場浪潮，讓頂尖歌手如滾石樂團（Rolling Stone）、U2以及瑪丹娜的年總收入增加到九位數。這些明星的薪酬，通常是以常見的慣例支付。

「好萊塢模式是：我們支付足夠金錢給你，這樣我們才有權利請你去做其他所有能做的事。但矽谷模式則是：你過來花個幾年時間，試著將你的好點子變成『重要的好點子。』」創投業者喬許．艾爾曼說。

娛樂圈繼續實驗新的變現方法。傳奇拳擊手喬治．福爾曼（George Foreman）所代言的熱壓機，讓他在早過了運動員巔峰時期後，仍能一年賺進千萬。大衛．鮑伊（David Bowie）將自己的樂曲和鮑伊債券（Bowie Bonds）掛勾，藉此將自己證券化，用十年演藝報酬換取5500萬美元的預付款。瑪莎．史都華（Martha Stewart）同年創立同名的家居生活用品公司，並在1999年上市，一度成為億萬富翁。

Jay-Z與吹牛老爹各自創立服飾品牌，到了1990年代末期，年營收達上億美元。但這種冒險事業，有時深受市場一時風潮以及名氣的變化無常之苦。Jay-Z和合作夥伴在2007年，以2.04億美元出售服飾品牌Rocawear；吹牛老爹在2016年卻是僅以7000萬美元，出脫他在Sean John的股份，若是在他的歌手生涯高峰時出售，當時街頭服飾正當紅，無疑價格會更高。

在好萊塢，財富稍縱即逝

矽谷提供了一種可長可久的其他選擇。「如果投資了對的軟體公司而且應用在對的平台，那麼你就會成為億萬富翁很長一段時間。然而好萊塢創造的所有內容，價值幾乎都會隨著時間而衰退。」艾爾曼說。

回到大西洋城，歐尼爾的脖子垂掛著一大片超人金牌，在他走上舞台之際，一大群肌膚黝黑、身上布料少到不能再少的人們，齊聲高呼吶喊。他開始混合從電子樂明星Skrillex，到同樣從饒舌歌手變身為投資者的傑斯等各路藝人的歌曲，娛樂會場上的群眾。

歐尼爾在他表演期間鮮少用麥克風說話（除了偶爾批評在籃球界和他亦敵亦友的查爾斯．巴克利〔Charles Barkley〕），但他會抽空品嘗在舞台表演期間特地送來給他的戰斧牛排。「歐尼爾很喜歡美食。」他的經紀人聳聳肩對我說，當時我們正在DJ座後方觀賞表演。

在歐尼爾的表演過後，我們跟著他走下舞台，走進一條穿越飯店內部的走廊，讓沿路跟這個大傢伙打招呼的清潔人員及餐飲部員工雀躍不已。我們登上貨物升降機、迅速回到他的飯店套房，隨行的顧問和經紀人還在嘰嘰喳喳個不停。其實，這位往日的籃球明星和團隊行程滿檔，少有時間能放慢腳步。幾分鐘後他就要搭機離開，趕往下個表演工作：職棒大聯盟明星周的DJ演出。

歐尼爾仰賴這些顧問安排表演工作，就像仰賴他們進行新創公司調查工作一樣。經過多年從事天使投資後，他已經確定一套相當簡單的公式：跟隨聰明的創投業者，投入由活力充沛的創辦人成立的可靠公司。他明白大部分新創公司會失敗，所以他會盡量將資源分散到廣大前景可期的選項。就像許多同行一樣，歐尼爾的方法並不需透過微軟的Excel試算表深入挖掘，或花費無數時間自行搜索新創公司，而是仰賴團隊。「我會給他們一些投資想法。他們會接手研究，然後跟我詳加解析。」他說。

不過對歐尼爾——以及他的一些巨星天使投資人同行——來說，需要花上一點時間才能對投資新創公司的相關事項有所了解，而過程中當然少不了有一些沉痛教訓。

Chapter 2

科技與創意人的結合

「你是說真的嗎？」蓋伊．歐希瑞坐在他的比佛利山莊辦公室中反問道。坐在低矮咖啡桌對面的我，請他帶我回顧他職涯旅程的開端。

「是的，沒錯，我希望你回溯到很早以前。」我回答。

大約四十年前歐希瑞還是個小學生時，從祖國以色列——該國的人均新創公司高於世界所有地方——來到美國。不同於許多喜歡在科技環境中群居的同胞，他寧可永遠在幕後不為人所知，也不願說說自己的人生故事。

「真荒謬。」他如此評論我的請求。

對大多數人來說，那不算是個過分的請求，但對於閃避媒體出了名的歐希瑞來說，或許正是如此。能夠在環境中悄悄地淡進、淡出，對他的工作來說或許是很便利的一種技能。他的辦公室布景，也凸顯他對這點的重視。就在他花白的鬈髮上方，有一幅延伸整面牆的壁畫，那是21個不同座位席次的圖像，各自代表不同的演出舞台。這樣的品味對他來說實在是再相配不過，因為歐希瑞掌管著地球上兩位最大牌明星的經紀事務：波諾與瑪丹娜。

歐希瑞最初認識瑪丹娜，是在洛杉磯結識了她當時的經紀人弗雷迪·德曼（Freddy DeMann）的女兒之後。10多歲的歐希瑞所表現出的沉著自信令德曼印象深刻，於是在他創立唱片公司時，選中這個年輕人為最早的幾位員工之一。歐希瑞果然沒有令人失望，他陸續簽下艾拉妮絲·莫莉塞特（Alanis Morisette）到謬思合唱團（Muse）等超級巨星，之後又從事利潤更豐厚的經紀人事業，最後和艾希頓·庫奇、超市大亨隆恩·柏考（Ron Burkle）合作，成立風險投資公司「A級投資」。

「我們就從你真正想知道的開始。我會告訴你，我是怎麼和艾希頓成為朋友，以及後來如何和科技界合作，然後如果後續有問題的話，再問我吧。」他說。

「好的。」

「（1990年代）有一次我在飛往米蘭的機上，當時唱片事業做得有聲有色。旅程中，我讀到一個名叫史凱·戴登（Sky Dayton）的人的故事。他的年紀跟我差不多，而且相當有成就，創立了一家叫地球連線（EarthLink）的公司。於是我就想，我得多向這個人學習。」他開始說起。

等歐希瑞回到加州，他打電話給戴登。

「如果你對我的故事感到欽佩，那你應該要認識比爾·格羅斯這個人。他是史上唯一用一年時間，創立了三家市值上億公司的人。」那位創業家告訴他。

戴登帶歐希瑞認識格羅斯，對方在1996年創立一家名為創意工廠（Idealab）的新創公司孵化器。等到歐希瑞終於前往加州帕薩迪納市會見格羅斯，他在那裡看到的景象卻與唱片世界有驚人的共通點：創作者和經理人在各個房間進進出出，延伸及爭辯創意，為革命性的新產品奠定基礎。歐希瑞說：「我立刻愛上這樣的氛圍。」

一家製造公司的公司

在歐希瑞初次探訪創意工廠這家孵化器二十年後，他心中依然不時回想起當初令他心醉神迷的蓬勃朝氣——主要得感謝創辦人的親切魅力。如今60出頭的格羅斯，在他位於帕薩迪納的總部門口迎接我，他穿著一件敞開的風衣，彷彿要隨時保持清醒以激發靈感。襯衫上的口袋冒出一支筆，以免飄忽不定的點子企圖逃脫他的掌控而來不及記錄下來。等他跟我握過手，我們立刻開始參觀他這座占地34000平方英尺的場地。

格羅斯帶我迅速走過不規則的建築群——若干1920年代的一層樓磚造辦公室，十年前他買下隔壁的韓國餐廳後加以擴大——而且打從一開始，很顯然創意工廠就維持格羅斯一直想要的樣子：一家製造公司的公司。概念源源不絕地從他的腦袋湧出，速度快到他來不及自己一一執行。他在帕薩迪納的場地既是孵化器也是貯藏所。我們走過的會議室名稱有畢卡索、賈伯斯以及優勝美地（Yosemite），他指出我們身邊各式各樣正在成形的新創公司，從Edisun Microgrids（太陽能）到aiPod（無人駕駛汽車）。

「我們每提出20個原型創意，有19個會被捨棄掉。」他興奮地解釋，「其中一個我們會推進。我們捨棄的要不是因為時機不對太早出現，就是找不到優秀執行長，或找不到一個獨特且與眾不同的切入角度。20個創意中可能推進的那一個，我們之後會評估：『很好，如果成立一家獨立公司，可以嗎？』」

如果答案是「可以」，創意工廠就會投資25萬美元成立公司，並取得一大部分股權。這家位於帕薩迪納的孵化器總部，包含一家新公司可能需要的一切，從公司內部的法律部門、財務長到人力資源及公關團隊。還有更多專業選項：工廠一隅有家機械商店，提供給需要建造實體商品原型的創辦人；在另一個角落，還有一大堆伺服器，提供給需要大量數據胃納的新創公司；屋頂上還有個太陽能實驗室，提供給從事可再生能源的團隊使用。

新創公司集中在整個開放式空間中四處散落的吊艙，最小的吊艙設計成五人也可舒適工作的空間。他們可利用創意工廠的共享設施，從免費停車、自助餐廳到新創公司必備的遊戲室等。隨著公司成長，就可搬到更大的空間，最大可擴充至容納50名員工。但無論規模大小，每個吊艙幾乎都是跟鄰居混雜在一起，只用3英尺高的牆壁區隔著。

格羅斯說：「即便不是自己的公司，我也希望每個人都能看到進展，因為這裡沒有公司是處於互相競爭關係的。如果附近就有其他毫無競爭關係的公司，就可從中學到自己所不知道的事。這完全沒有威脅性，因為那家公司跟你是不同產業。」

格羅斯投身創業的起步罕見地早。1973年發生能源危機時他在上中學，他在《科學人》（*Scientific American*）及《大眾科學》（*Popular Science*）刊登廣告後，透過郵購賣出超過1萬組太陽能動力套件。他用那次大膽創業得到的資金以及在校期間發明並取得專利的高端揚聲器，完成加州理工學院的學業。1981年畢業後，他和兄弟成立一家公司，後來被蓮花軟體公司（Lotus）以1000萬美元收購。十年後，格羅斯創立教育軟體發行公司「知識冒險」（Knowledge Adventure），製作兒童用的學習遊戲；他的兄弟繼續擔任工程副總裁。

史匹柏一名人投資先例

1993年，《經濟學人》報導知識冒險的成功故事，促使一位神祕人留了幾次訊息給格羅斯，表示他看過文章後想安排一次會面。六個月後，格羅斯終於回電話——結果發現他一直置之不理的來電者，是大導演史蒂芬・史匹柏的理財顧問。格羅斯回應：「嘿，你為什麼不一開始就說？」

幾天後，史匹柏和格羅斯坐下來洽談。

「我兒子麥克斯非常喜歡你們的產品。我很喜歡你們在做的事。我對教育軟體真的非常感興趣。」史匹柏說道。

格羅斯帶他參觀那幢建築，而且就像之後的歐希瑞，史匹柏也為之著迷。

「真是不可思議。我不但想投資，還想跟你一起創作產品。」史匹柏說。

「你想做什麼樣的產品？」格羅斯問。

「我想做的產品是可讓小孩子玩電影，並對電影的運鏡能有些概念。」

「那好，你打算怎麼做？」

「我的想法是這樣的，我來當總導演。我會找個電影攝影師，還會找幾個演員朋友來參與。我們來拍一些片段，我來做旁白說明，但我會告訴孩子們每一片段是怎麼一回事，以及我想在視覺上達到什麼效果。接著讓他們剪輯畫面，以他們想要的順序安排，自己來說故事。」史匹柏回答。

「聽起來非常棒！我們來做吧。」格羅斯說。

史匹柏投資知識冒險，為名人投資科技新創公司的最早範例之一，而他後續採取的合作方式，也成為之後矽谷與好萊塢合作的範本。他利用在好萊塢的人脈，為這個計畫增值。他邀請知名友人昆汀・塔倫提諾（Quentin Tarantino）及珍妮佛・安妮斯頓（Jennifer Aniston），一起參與（免費友情贊助）一款主題是電影製作的電腦遊戲：《史蒂芬・史匹柏的導演椅》（*Steven Spielberg's Director's Chair*）。他們在洛杉磯市區附近的110號公路，找到一座已不再使用的監獄，在那裡拍攝一星期。塔倫提諾掌鏡、安妮斯頓表演，而史匹柏執導。這款遊戲在一年後上市。根據格羅斯的說法，法國媒體綜合公司威望迪（Vivendi）在1995年以9000萬美元買下知識冒險。

史匹柏的參與提供珍貴的拉抬作用，而他也獲得豐厚回報。

身為導演，史匹柏從格羅斯對待創業的態度中看到創意；身為發明家，格羅斯則從史匹柏所指揮的電影王國中發現商業模式。他們之間的關係愈來愈密切，這兩人每月在史匹柏的安培林娛樂公司（Amblin Entertainment）總部聚會一次，那是一幢用土和磚所造的平房，位於環球影業伯班克片場的一片林地之中。他們的會面依循類似的模式：格羅斯到達後在一間會議室等待史匹柏，史匹柏則從另一場會議中抽身，進行創意腦力激盪，接著再前往下個會議。

格羅斯回憶道：「他每天基本上就是從一個創意跳到另一個創意，貢獻他的熱情，接下來就是交給其他人去執行與推動產品。我對他說：『那正是我想做的事，只不過是用在創業。』那是我成立創意工廠的原因。我想要能夠四處走動，跟不同的人合作，分享創意，但之後就讓他們各自去執行。偶爾我會自己主持一項專案——有點像他也在做的事。」

將知識冒險公司脫手後，滿手現金的格羅斯在1996年成立創意工廠，他發下宏願，如果能籌資到250萬美元，就給10家新創公司當種子基金，這個實驗至少會進行一年。他很快就達到這個金額，並將募資目標分成每筆50萬美元，向包括康柏電腦（Compaq）高階主管及首輪資本公司（First Round Capital）等投資者募資，而後者後來成為Uber早期資助者之一。而最熱切的資助者，可能就是史匹柏本人。

「我想成為你的首批投資者之一。」在聽說了成立創意工廠的計畫後，史匹柏對格羅斯說，並很快拿出50萬美元，「對了，你還要帶我的朋友一起。」

「你的朋友是誰？」

「過來半島酒店找我。」

不久後，格羅斯開車到比佛利山莊的酒店找史匹柏共進午餐，然後發現知名演員麥克．道格拉斯（Michael Douglas）也在座——並準備也投入50萬美元。

「我對此一無所知。但如果史蒂芬加入，我也加入。」格羅斯說麥克．道格拉斯如此坦承。

格羅斯的午餐搭檔，代表當好萊塢與矽谷交會之後，興起的兩種名人投資家主要類型：史匹柏，罕見的事必躬親類型，資金大多投入於自己了解的事物；以及道格拉斯，清楚知道自己的知識空白，只在有可靠的嚮導能追隨時，才投資。

你這傻子，他和比爾．蓋茲創立微軟

到了1990年代中期，距離歐希瑞進入新創公司的世界還有好幾年，但娛樂界與新創公司之間的連結漸趨牢固。好萊塢製片人霍華德．羅森曼（Howard Rosenman），知名作品有影集《吸血鬼獵人巴菲》（*Buffy the Vampire Slayer*）及電影《以你的名字呼喚我》（*Call Me by Your Name*）等，他回憶曾去參加一場好萊塢的派對，和一個體格魁梧、身邊圍繞著模特兒和女演員的人相談甚歡。

「你從事哪一行？」羅森曼問。

「做電腦的。」

「你應該繼續做電腦，因為我聽說你們可以非常、非常有錢。」

羅森曼還是不知道他的姓名。

「你認識珍妮・翠柏虹（Jeanne Tripplehorn）嗎？」那人問。

「認識，你想認識她？」羅森曼回答，他當時正掌管那位女演員的工作。兩天後的晚上，這三人一同前去西好萊塢的藍調之屋（House of Blues）餐廳吃晚餐。羅森曼的新朋友，名叫保羅，立刻遞給餐廳領班一張百元鈔票。

「聽我說，你不必那樣做。只要提我的名字，你就能進去。省下那100美元，你不應該花那麼多錢。」羅森曼說。

那晚稍後，那個人給了羅森曼自己的電子郵件地址：paulallen@aol.com。

「我還是不知道他是誰。」羅森曼坦承，「於是我寫了一封電子郵件給一位朋友，我說：『你知道保羅・艾倫（Paul Allen）是誰嗎？他住在西雅圖。』朋友回信說：『知道啊，你這傻子，他和比爾・蓋茲創立微軟。』」

1994年，《富比世》公布艾倫（2018年過世）為美國第十六大富豪，個人總資產40億美元。蓋茲拿下第一的寶座，並在兩年後的一篇文章中說出一句名言：「內容才是王道，」然後預測，「大部分涉及供應資訊或娛樂的公司，都大有機會。」不過，拿自己的現金大舉在好萊塢下注的是艾倫。他的第一個重大投資就在隔年：斥資5億美元協助史蒂芬・史匹柏、傑弗瑞・卡森伯格（Jeffrey Katzenberg）、大衛・格芬（David Geffen）成立「夢工廠」（Dream Works）——負責《美國心玫瑰情》（*American Beauty*）、《神鬼戰士》（*Gladiator*）以及《美麗境界》（*A Beautiful Mind*）的製片廠。

到了1996年，艾倫的身家達75億美元，成為僅次蓋茲（185億美元）與華倫・巴菲特（150億美元）的美國第三大富豪，而且他又投入更多現金，讓好萊塢與矽谷更加緊密。艾倫開啟一個短暫的年度慣例，聯合數百位科技界和娛樂界最有名望的人：蓋茲、史匹柏、米克・傑格（Mick Jagger）、巴瑞・迪勒（Barry Diller）、黛安・馮・芙絲汀寶（Diane von Furstenberg）等，在幾個全世界最奇特的場所進行跨界整合。第一次會談，艾倫將賓客送到南法的伊甸豪海角酒店（Hotel du Cap-Eden-Roc），活動包括精緻餐點、音樂會，甚至還有一場化裝舞會。[1]

「那是『匯流』的開端，而這是他的構想。」與會者之一的羅森曼說，「他了解、預測，並發起內容與數位的結合。保羅了解商業的基本條件，全在於友誼和人脈。而他想讓全世界都認識他。」

1　作者註：我曾透過史匹柏的發言人進行聯繫，但對方始終沒有回應本書的採訪要求；而要求採訪艾倫的計畫，在他過世之時仍未敲定。

第二年，艾倫讓所有人飛到威尼斯參加類似的節目；第三年，他將全體人員聚集到他的超級大遊艇，來一趟阿拉斯加之旅。前蘋果高階主管羅伊森是幸運賓客之一，她記得好萊塢明星對於認識矽谷人士的興致，高於矽谷人士認識明星的興趣（「有人說，『好吧，我們有的是名氣，但你們有的是錢。』」她回憶道）。但商務會談通常最後還是回到原點：矽谷一派習慣拿股權，而好萊塢老將——他們早就過了進行投機的時段——想要現金。

羅伊森邀請幾位電影界明星加入她所屬公司的董事會時，就遇到這種情況。「事情通常會這樣發展：『我的名字和品牌都很重要，而我希望加入你的董事會，能一年拿到15萬美元。』」羅伊森回憶，「而你就得說，『哎，不是這麼一回事。我們的做法是不支付任何酬勞，但如果公司成功了，那你就能拿到錢。』」

艾倫的旅行未必就直接促成好萊塢與矽谷兩邊的重大交易，但確實建造起熟悉及互相了解的架構。這在後來幾年證明是相當重要的，因為像因Napster而驟然崛起的新貴，讓科技界與創意人針鋒相對。無論如何，那幾趟旅程為參與者創造了相當多值得回憶的趣事。例如在往阿拉斯加的船上，羅森曼注意到有個戴眼鏡的男子，身穿一件影集《吸血鬼獵人巴菲》的聯名外套。

「他朝我走過來，然後看著我說：『廢話（duh）這個詞，對你有什麼特殊意義嗎？』他引述的，是那部我參與製作的影集中的台詞。而這個男子，是比爾．蓋茲。」羅森曼說。

創辦人，就像藝人

另一方面在創意工廠，這家新創公司工廠扶植的最初10家公司，有3家失敗了——但剩下的7家繼續籌募到額外的資金，這在變動劇烈的新創公司世界中是驚人成績（一般來說，收到種子資金的新創公司，有超過一半無法籌募到下一輪資金）。這樣的成績讓格羅斯得以再籌募到500萬美元，支援他成長中的投資組合。最早由格羅斯進行種子投資的新創公司，包括Citysearch、Tickets.com、eToys以及CarsDirect，都在第一次網路繁盛期大獲成功。

「第二年，其中2家準備要公開上市。過了第二年之後，我們有太多成功經驗，所以能夠資助所有計畫發展。」格羅斯說。

歐希瑞是在1998年踏入這個環境，那是在戴登跟他說起格羅斯的公司之後——當時還叫「idealab!」，反映這位年經經理人對創新計畫的巨大熱情。歐希瑞認為音樂人和科技新創公司非常類似：創意人或創始人通常到了不得不辭去正職工作並專心投入的地步，從事的計畫方才能夠獲利；且大部分的情況是，他們都需要一定金額的資金來打造產品，這使他們不得不分出股權或著作權歸屬，以換取所需的資金，而通常交易對象是創投公司或唱片公司。

雙方都有很多東西要向彼此學習，因此歐希瑞開始定期前往帕薩迪納交換訊息。他和格羅斯一起，由格羅斯向他介紹新創公司創辦人；歐希瑞會用他在娛樂事業的經驗提供意見，告訴他們如何宣傳推廣所創造的東西。

「我看著這些公司，感覺創辦人就像藝人，他們有自己的夢想與憧憬——他們有自己的專輯，有自己的歌，所以他們想將自己的音樂推廣出去。我盡所能地給他們一些建議。我是我們這個圈子，唯一一個幾乎每月都開車到帕薩迪納，真心努力想學習和提供幫助的人。」他說。

格羅斯和歐希瑞也會互相提供消息。格羅斯向新朋友展示第一部黑莓機（BlackBerry），那是不久前才由當時沒沒無聞的加拿大行動研究公司（Research In Motion）推出的產品。這部第一代的通訊機器根本稱不上是智慧型手機，基本上只是傳呼機加上微型鍵盤和一個小小的綠色螢幕，一次能夠顯示80個字母。

「這真是太不可思議了。」格羅斯說道。

「真不敢相信！」歐希瑞回答，「比爾，這是會徹底改變世界的東西。」

歐希瑞後來又買了100部，送給他在娛樂圈的朋友一人一部，包括史匹柏。

「你為什麼那樣做？」格羅斯問。

「因為我若給了他們，就和他們有了聯繫，就會有他們的電子郵件……我可以比其他人更常和史匹柏聯絡，只因為我給他這個東西。比爾，謝謝你給我這個點子。」歐希瑞說。

發明 Google AdWords 的人

幫助是有來有往的。格羅斯從早期製造揚聲器時期就是音響發燒友，他發現歐希瑞家裡竟然沒有一套頂級的音響系統，於是計畫給歐希瑞一個驚喜——訂購一套Bowers & Wilkins的揚聲器和Mark Levinson的擴大機（這套配備通常要價數萬美元）並到府安裝。

到了1999年，歐希瑞已經成了創意工廠的班底。格羅斯給他機會，藉由投資正式加入，他投入全部身家。「我決定拿我從14、15歲起在世上存的每一毛錢，全都投入創意工廠。」歐希瑞回憶道。格羅斯補充說：「蓋伊一直很欣賞並關注這個投資其他人才的構想，他顯然非常善於利用人才。但他想要融合科技和娛樂。」

歐希瑞投資時，正值科技股開始變得火熱。那斯達克指數從1995年到2000年的高峰翻漲了五倍，因為買方爭搶任何名字帶有「.com」的公司，而這些公司大多是由科技巨頭和矽谷公司的早期投資推升。光是1999年，亞馬遜資助的Pets.com，就以2.9億美元的估值公開上市；由紅杉資本挹注資金扶持的線上食品雜貨商店Webvan.com，首次發行創下79億美元市值；Priceline.com的早期投資者中包括保羅．艾倫——第一天交易收盤市值達98億美元，比首次發行價增加四倍。

創意工廠扶植的新創公司也持續有亮眼表現，每一家在首日交易的表現，都優於多年來的多數股票。Tickets.com首日交易跳漲75％，eToys.com跳升280％；Citysearch與巴瑞．迪勒的Ticketmaster Online合併後，合組公司的股價在首次公開發行時增加三倍。但另一家公司才是創意工廠最大的成功——而且還可能成就更大。

1998年2月28日，格羅斯做了一場類似TED的演說，公開一個當時頗有爭議的構想——付費搜尋，或者是讓廣告主競標搜尋結果列表上方的位置——以及一家以此為重點的新創公司：GoTo.com。不到十二個月，這家公司的營收就達到1億美元。隔年，格羅斯進入談判，看是合併還是買下搜尋領域另一家新成立的重要業者：Google。後者在當時尚未有任何營收，決定試著取得GoTo的技術許可。收購談判破局後，格羅斯揚言要提告，Google最後同意和解，據他所說，條件為價值3.66億美元的股票。[2]

「比爾．格羅斯基本上就是發明Google AdWords的人。

他是建立這項技術的人。」庫奇說。

兩種信念體系短兵相接

除了保羅．艾倫的旅行，1990年代中後期，還有一些名人在其他地方涉足新創事業。或許最有名的是《星際爭霸戰》（*Star Trek*）演員威廉．薛特納（William Shatner），為Priceline宣傳代言以換取股票。雖然英國小報報導聲稱，這項決定最後讓他賺進6億美元，但該公司主管在2013年時稱，這個數字是「都市傳說」，對美國財經頻道CNBC表示薛特納「以相當低的價格賣出持股……但他覺得還好，不用替他擔心。」

其他交易則讓人約略一窺結合科技與創意人才的潛在可能，如《南方四賤客》（*South Park*）創作者特雷．帕克（Trey Parker）與麥特．史東（Matt Stone）和遊戲網站Shockwave.com（母公司是網路軟體供應商「宏媒體公司」〔Macromedia〕）簽訂一紙協議，為其製作動畫短片。這次交易代表好萊塢與矽谷之間意義重大的折衷妥協——帕克與史東接受公司的股份，而不是一大筆預付款，選擇押注首次公開發行的可能性。宏媒體公司勉強拿出每分鐘5萬美元的

2　作者註：Google並未回應針對本書進行評論的要求。

預算來執行他們的夢想，這對注重成本的科技人來說，簡直駭人聽聞。

但大致來說，平台與內容的世界依然涇渭分明。根基在洛杉磯的電影製片麥可・亞諾佛（Michael Yanover）親身體會到這一點，當時宏媒體公司派他去彌合雙方的差距，因為其他投資人前仆後繼地湧入，包括創投巨擘紅杉資本以及與馬克・安德森共同創辦網景公司的吉姆・克拉克（Jim Clark）。亞諾佛每周一早晨六點開車到機場，兩小時後到達舊金山的辦公桌，周末時回到洛杉磯。儘管在協商談判過程中，他來回折衝的雙方都做出妥協，兩造間的態度差異還是令他難以置信。

亞諾佛說：「矽谷一派，根本不在意他們的薪水。他們是根據公司最後一輪的估值，計算自己值多少錢，完全就是一副『我們全都會變有錢。』的樣子。好萊塢則是，『我一點也不關心股票選擇權。別跟我說那些。我關心的只有你們要給我多少錢，以及預先付多少。』」

亞諾佛的經驗，也透露出矽谷與好萊塢的一個關鍵差異：前者最重視技術；後者以內容為優先。因此以Shockwave這次交易來說，宏媒體公司一方似乎認為，平台本身是等式中革命性的部分；但帕克與史東認為，他們的創作才能讓公司登上顛峰。這兩種信念體系即將短兵相接。

科技顛覆唱片業

隨著1990年代末期寬頻網路在許多已開發世界成了主流，科技電子迷與創作者對內容價格這個問題，開始起了直接衝突——少數未來的億萬富翁扮演領導者的角色。Uber共同創辦人崔維斯．卡拉尼克在1998年從大學輟學，創辦多媒體檔案搜尋引擎Scour.net，最後吸引到億萬富豪隆恩．柏考及麥可．奧維茨（Michael Ovitz）的數百萬投資，後者是好萊塢超級經紀公司創意家經紀公司（CAA）的共同創辦人。

檔案共享軟體Napster，是1999年由西恩．帕克與在線上留言板結識的好友尚恩．范寧（Shawn Fanning）創辦，轟然砸入世紀之交的音樂產業泳池派對，讓消費者得以不花一毛錢，就能享受幾乎無限量的音樂自助餐。Napster創辦人遵循的是後來熟悉的模式：年紀輕輕就創立顛覆性的新創公司（帕克與范寧都還不到20歲），取得矽谷的資金支援（Zynga共同創辦人馬克．平克斯〔Mark Pincus〕、創投業者約西．安拉姆〔Yosi Amram〕及艾琳．李察森〔Eileen Richardson〕，都開出六位數的支票讓Napster順利發展），搬遷到加州，並根據一個構想，創造了實際的企業基礎結構。[3]

---

3 作者註：艾琳．李察森也擔任Napster第一任執行長。

「你可以把整座圖書館放進電腦，那是不可思議的革命。」喬許．艾爾曼說，他當時在數位音樂聆聽程式RealPlayer背後的公司任職。「網際網路開啟這一切，但那樣也算是侵犯了著作權。」

帕克與范寧也面臨典型的挑戰：在他們顛覆的業界中，實力強大的業者並非以善意看待這種變化。唱片公司已經習慣每張專輯收取20美元，卻在裡面塞滿充數的歌曲[4]，並且在1999年創下產業歷史高點146億美元營收。但這個數字在兩年內下降將近10億美元，有部分就是因為Napster的橫空出世。

很快地，法律訴訟蜂擁而至，有來自唱片公司，也有來自藝人，包括金屬製品（Metallica）和德瑞博士，指控Napster及其二千多萬使用者偷竊他們的作品。這場戰役的另一方：科技愛好者則主張，他們只是提供更好的平台，讓人發現及聆聽音樂。在Napster成立兩年後，一紙禁制令將其關閉；而由崔維斯．卡拉尼克創立，同樣可以類似方式取得內容的Scour，則是被33家媒體公司、一場2500億美元的驚天訴訟案所擊倒。「我們不知道，我們正在智慧財產權的世界樹敵。崔維斯對此不以為意，但對我是很大的困擾。」奧維

---

4 作者註：一名熟悉娛樂圈的律師曾告訴我，他的一位歌手客戶在1990年代末期交出一張專輯曲目，結果被唱片公司告知裡頭好歌太多，其中一些歌應放在下一張專輯。

茨後來說。

Napster此後就以各種不同形式復活，但都和免費檔案分享或帕克無關了。不過，這次經驗依然給他帶來某種價值。「我會說那是Napster大學——那是智慧財產權法、企業財務與創業的速成課。在我還是個不知道自己在做什麼的孩子時，我所寫下的一些電子郵件，目前在（法學院）教科書裡就能輕易見到。」帕克在2011年說。

矽谷與好萊塢漸行漸遠

在種種紛擾中，股市愈漲愈高。2000年3月，那斯達克指數到達5000點，創下另一個新紀錄。許多重要個股被哄抬，因為有普通散戶進行當沖交易，大舉買進他們只在超級盃廣告看到的公司股票。[5]美國聯邦準備理事會（Federal Reserve）維持利率低檔，更刺激了這波榮景，有部分是因為「千禧蟲」（Y2K bug）相關的不確定性——謠傳已久在數位日曆設定從九九跳到〇〇時，全球電腦會出現故障。但當千禧年到來卻是風平浪靜，於是聯準會開始提升利率，讓過熱的市場降溫。

5　作者註：我承認，青少年時期的我和幾位朋友就屬於這種人，常趁午休時間用學校圖書館的電腦當沖交易科技股。就像1990年代末期的大部分業餘人士，儘管幾乎對股票毫不了解，我們的獲利成績卻非常好——直到市場觸底。

之後，以科技為重的日本陷入衰退；接著是2000年4月美國政府控告微軟公司的反托拉斯案，法院判定蓋茲與艾倫的公司壟斷。那個月持續出現賣壓，因投資人在賣股變現，以支付前一年的資本利得稅。Priceline的股價在1999年曾觸及800美元關卡，到了2000年底卻只剩下一個火腿三明治的價格；Pets.com在首次公開發行一年後宣告破產，離創立僅僅兩年；Webvan在隔年支出超過10億美元後倒閉，造成2000名員工失業。

大部分的市場修正，是無論公司好壞，全部一視同仁地全面痛擊，網路泡沫破滅當然也不例外。隨著那斯達克指數在2000年重挫到3000點，接著又在2001年跌破2000點——2002年在略高於1000點時谷底反彈——幾家史上最顯赫的科技巨擘，眼看自家公司股價慘遭屠戮。短短幾年時間，微軟下跌過半；亞馬遜的交易價從100美元以上跌至10美元以下。

創意工廠也無法免疫——雖說在世紀之交時，前景相當看好。格羅斯正與潔美・李・寇蒂斯（Jamie Lee Curtis）及茱莉・路易絲—卓佛（Julia Louis-Dreyfus）討論，合作從事電子商務珠寶事業。他甚至在2000年勉強考慮讓自己公司首次公開發行的想法。「我們不想上市，因為我們的事業難以預測。」格羅斯說，「但高盛和其他銀行家都說：『噢，你們若是上市公司的話會非常有價值……大家都想投資能造就其他公司的公司。』他們說服我們去做。」

格羅斯在那年3月甚至真的提出首次公開發行申請，但看到市場不妙的跡象可不是遠處的雷聲，於是最後在10月撤回申請。投資人頓時草木皆兵，特別是那種未經驗證、但已成為網路泡沫破滅同義詞的科技公司（不用說，與寇蒂斯及卓佛的計畫也泡湯了）。到了2001年，創意工廠的許多重大成功經驗也遭受重大打擊，還有一些（如eToys，幾個月前還價值數十億美元）更是被徹底消滅。[6]

「矽谷與好萊塢的浪漫關係，正式結束了。好萊塢基本上就是在表示：『我們知道自己在做什麼。而且非常擅長。』矽谷則回應：『我們也知道自己在做什麼，而且非常擅長。我們不想被捲進內容這一攤事，或名人之類的事。』雙方漸行漸遠。」亞諾佛說。

矽谷人的樂觀，好萊塢人的悲觀

對比爾．格羅斯來說，網路泡沫破滅只是另一波市場周期循環的必然結局。科技股將捲土重來，無論它近期的狂熱

6　作者註：創意工廠其實在eToy進行首次公開發行後就賣掉部分持股。格羅斯後來進軍機器人、人工智慧及潔淨技術（cleantech）的新公司，又獲得數億美元收益。根據創意工廠的紀錄，總回報是該公司歷史的最佳紀錄之一，投資報酬率超過10000%。

愛好者——包括來自好萊塢的那些人——是否繼續投資。他培育的新創公司連番遭受重創卻未被擊垮，因為像GoTo等成功案例，留下了充分的緩衝而讓公司得以維持運作。

格羅斯回憶道：「大家像是在準備迎接新創公司的核子冬天——事實上，還有人說：『新創公司完蛋了。』我在1991年創立知識冒險，當時波斯灣戰爭正在進行。有人說：『經濟太糟了。』我說：『我不在乎經濟。我要做我覺得重要的事。』……如果你有好的點子，這世界發生什麼事並不重要。我的意思是，到頭來大家都需要使用東西。」

格羅斯認為經濟會回升，就像過去以來的一貫現象。對當時坐二望三的歐希瑞而言則是另一回事，他將畢生積蓄投入創意工廠。原本計畫中的首次公開發行會給他機會變現，預計可得到七位數的獲利；但股票發行落空了，連帶大量持股價值也隨之消滅。

「我真的全部都投入在創意工廠了。我把所有希望都投入進去，然後在四個星期後，一切都沒了。那是最怪異的事。我甚至不知道究竟是怎麼一回事，真的就像被敲了一棍。」歐希瑞這樣告訴我。

歐希瑞甚至開始質疑，他為什麼那樣專注在新創公司領域。他回想道：「我不敢相信自己犯了這種錯。我去帕薩迪納，我跟那些人混在一起。突然間，我回神對自己說：『我在做什麼？我在自己的領域明明就做得好好的。』」

柏考是幫歐希瑞走過這個階段的人之一，他最初是在老爸的雜貨店裡當打包的小工，後來靠著買賣連鎖超市，以及創立私募股權公司Yucaipa而致富。這些年來，柏考——如今是個六十多歲、靦腆圓臉的大亨——成了終極圈內人士，往來的朋友是吹牛老爹到比爾．柯林頓（Bill Clinton）之流的大人物。[7]

這位億萬富豪投資人曾目睹自己的股份化為泡沫，但這是歐希瑞的第一次。對這位年輕創業家來說，網路泡沫破滅是認識市場變幻無常的一堂課，以及最重要的是「分散」的重要性。「這太重要了，所以在這個年齡就要學。」歐希瑞記得柏考這樣說。

沒多久，新創公司的世界又開始召喚，但歐希瑞興趣缺缺。他略過的投資機會不光有行動研究公司，還有維他命水的母公司Glaceau。

他回憶：「我感到灰心喪志。要是創意工廠能再堅持個六個月且沒有內爆，我大概會進行另外那兩項交易，而且不會有問題。」

歐希瑞或許是太心力交瘁而沒有投資維他命水，但對娛樂圈的其他人來說，這個機會到後來證明報酬相當豐厚。而

7 作者註：柏考與柯林頓的交情，似乎在前總統離開白宮後，與私募股權公司Yucaipa的合作夥伴關係欠佳而漸漸消逝。

另一方面在矽谷，歐希瑞的同伴之一正忙著建立事業，且很快就會讓他成為地球上最成功的創投家之一。

Chapter 3

名人優勢

如今，本・霍羅維茲最廣為人知的身分，就是安霍創投的半個主人。他靠著身分之便，可掌握一些全世界最有前景的投資機會——但他一直都有點像局外人。即使身為矽谷較知名的創投家之一，他在自己的暢銷書籍和讀者眾多的部落格中解釋「何謂商業」時，引用的也多是嘻哈音樂歌詞，而不是哈佛商學院的個案研究。

因此，這位喜歡有話直說且偶爾口出穢言的創投家，最後跟納斯等巨星天使投資人一起投資，也就不令人感到意外。他和其他明星，包括庫奇和阿姆（Eminem），協助資助嘻哈音樂歌詞網站Rap Genius，並促成網站擴展成對網路上一切事物提供註釋和解釋的媒介。霍羅維茲還看出該網站的另一個營運方式，那就是為創作者的作品增加一道價值。

他在2012年時告訴我：「我們認為原始文本有著莫大價值，那將為原創者、發行者以及Rap Genius帶來更多商業利益。」

早在與網景共同創辦人馬克・安德森成立創投公司，以及串聯納斯等明星與矽谷大亨的傳奇合作機會之前的數十年，霍羅維茲就習慣來回穿梭在不同的世界。出生於英國的他在北加州長大，父親大衛・霍羅維茲（David Horowitz）當時是信奉馬克思主義的知識分子，與黑豹黨（Black Panthers）[1]關係匪淺，後來理想幻滅，變成極右派激進分子（老霍羅維茲如今以拋出「歐巴馬是美國叛徒」之類的Twitter炸彈而聞名）。

年輕的霍羅維茲強烈地不贊同父親的政治立場（但據說在父親出現爭議言論時，他依然會支付保鑣護衛的費用），於是毅然地走上一條截然不同的道路。在中學畢業後，他離開灣區到哥倫比亞上大學，在那裡和兩位友人以Blind Def Crew為名，錄了一張嘻哈專輯（這些歌曲不知為何並未進入主要的串流音樂服務，但霍羅維茲在Genius給這個團體的部分作品做了註解）。正如特洛伊・卡特的情況，他身為饒舌歌手的事業在進入成年期之初便結束了（這或許不是件壞事），但他對這種音樂類型的熱愛將持續終生。

霍羅維茲在網景認識安德森，並與他合作在1999年創立

---

1 由非裔美國人組成的黑人民族主義和社會主義政黨。其宗旨主要為促進美國黑人的民權，也主張黑人應該有更積極的正當防衛權利，即使需要使用武力。

雲端運算公司Loudcloud。他們以4500萬美元的公司估值，向基準投資公司（Benchmark）籌集到1500萬美元，且因霍羅維茲為當時的科技領域帶進人情味的能力，讓公司獲得難以計數的發展助力。「在矽谷，大家都說就算個性外向的工程師也只會盯著你的鞋子看，而不是自己的。本曾是一位工程師，這代表他可能會開發出不那麼好用的使用介面，但或許其與眾不同的人生讓他富有同理心。他總是能促進眾人合作。」他在網景時期的同事葛瑞格・山德斯（Greg Sands）說道。

不過幾年不到，使用Loudcloud服務的網路公司紛紛面臨存續危機，有如突如其來的一場寒流襲擊炎熱的佛羅里達，讓一大堆凍僵了的鬣蜥從樹上掉下。沒多久，霍羅維茲便做出結論，為了生存，必須將Loudcloud的核心業務賣給更大的競爭對手，並轉向軟體事業。霍羅維茲引起商業鉅子羅斯・佩羅（Ross Perot）的電子資料系統公司EDS以及電腦巨擘IBM的興趣，但隨著冗長的談判開始，他對賣掉核心業務這件事的專注度逐漸被消磨掉。由於Loudcloud持續以極快的速度燒錢，他必須設法盡快脫手——於是他帶著事業發展主管飛往洛杉磯，向Loudcloud董事會成員、也是共同創立創意家經紀公司的麥可・奧維茨徵詢意見。

「我這一生做過許多交易，而在這過程中，我發展出一套可靠的做事方法，基於這樣的工作哲學，我相信截止期限是有其作用在的。」奧維茨說。

那次會面後，霍羅維茲接受奧維茨的建議，給了EDS和IBM最後通牒：兩者皆有八星期時間商討報價金額，否則交易便告吹。七星期後，EDS以6350萬現金取得Loudcloud的核心業務。霍羅維茲保留了軟體事業，並更名為Opsware。這並非霍羅維茲當初創立公司時想像中的獲利方式，但考量這段時期籠罩科技投資者的陰霾，還是比另一個選擇好多了：申請破產。而奧維茨與霍羅維茲的關係，也讓人不禁聯想起好萊塢與矽谷給彼此的幫助，即使網路泡沫破滅讓雙方原本熱絡的關係有所降溫。

娛樂界的浮華，與科技界的聰穎

娛樂界的浮華與科技界的聰穎互相碰撞，對霍羅維茲可說大有助益，但對於像歐尼爾之流的巨星天使投資人來說，因為早期並不了解股權的重要性，所以需要更長的時間沉澱才能接受。這位NBA名人堂球星在1996年與洛杉磯湖人隊簽約後不久，便驅車與比爾．格羅斯見面。這位創意工廠創辦人建議他一起合組新公司：Big.com。格羅斯已經擁有這個網址（URL），而他希望創造一個亞馬遜的競爭對手，所以想讓歐尼爾為網站代言。

「我想做個交易，所以我給了他公司的股權。當時他就坐在這張椅子上。他說：『我很餓，你能幫我買六個In-N-Out的雙層肉排起司漢堡嗎？』」格羅斯在位於加州帕薩迪納的辦公室告訴我。

根據格羅斯的說法，起司漢堡並非歐尼爾要求的唯一報酬，他想要2000萬美元現金。格羅斯願意給他同等價值的股權，但這位籃球明星一開始不接受。他認為自己在球場外的報酬，應高於當球員所領的薪資，且湖人隊並沒有用股票來支付他的薪水（只不過如果真是那樣的話，對他當然比較好：球團價值在之後翻漲了許多倍）。

「他跟我們一樣對於這樣的合作計畫感到興奮，因為我們想好好利用好萊塢的行銷、品牌建立以及擅於說故事的優勢——這些都是洛杉磯當地公司的強項，也是此地公司相較於矽谷公司的優勢。矽谷的公司較以工程技術為重，卻沒有優秀的行銷團隊。歐尼爾基於這些原因而躍躍欲試。」格羅斯說。

但癥結似乎出在報酬上。歐尼爾對股權的厭惡，與當時他的好萊塢同事如出一轍。這位籃球明星將他當時的立場歸咎於缺乏經驗，至少就他而言是如此。「年輕時，你會盡量都拿現金……我大概一年只賺6、700萬美元，所以我需要全拿現金。等到累積了很多現金，你就可以說：『好吧，現在我的現金夠多了。』」他說。

據說，歐尼爾捨棄他加入的第一支NBA球隊奧蘭多魔術隊——還損失了一些利益——有部分原因就是洛杉磯的吸引力，他認為在那裡靠著電影和音樂所賺進的外快，不僅可彌補薪水落差且還有剩餘。到了2002年，他已經在湖人隊連續奪得三屆NBA總冠軍，而他在球場上的收入也超過1億美元。在這過程中，當他遇到風險時，更能從容地承擔。而且就像所有成功投資者，他有個重要的盟友：運氣。

「投資Google真的是意料之外。我那時在一家餐廳跟幾個孩子們嬉鬧。」他說。

那些孩子中有一位正好是一個頗受矚目的投資人的子女，但歐尼爾拒絕透露姓名。

這位籃球明星回憶道：「他說：『歐尼爾，我喜歡你，我有東西要給你看。』然後我就看了一眼。」

歐尼爾就在那時知道Google的存在，而這對他來說似乎是個不錯的生意。他記得聽過亞馬遜創辦人傑夫·貝佐斯說過，如果投資讓世界變得更美好的東西，那一定是門好生意。「一個搜尋引擎，輸入任何你想要的東西，然後結果就跳了出來？那必定是屬於未來的行業。」歐尼爾心裡這麼想著。在經紀人將他介紹給Google投資人羅恩·康威（Ron Conway）——矽谷天使投資先驅，因為他在這家搜尋引擎及其他公司都進行早期投資，包括Paypal、Twitter、Dropbox以及Airbnb——之後，歐尼爾賺進了一些錢（康威婉拒接受本書訪問）。

比爾・格羅斯也投資Google，但路線比歐尼爾迂迴許多。在科技業相關公司蒸發消失之際，創意工廠靠著戰備基金熬過網路泡沫破滅，雖然失血不少卻依然頗有分量。格羅斯回憶道：「我們說：『我們不會上市，所以乾脆就來製造出優秀的公司吧。我們觀察所有產業，看有什麼需要解決方案的大問題，是創業家們可提供協助的。』」

在領導創意工廠的最初幾年，格羅斯學到兩個寶貴教訓：第一，**給所投資的公司經營者更多空間**，讓他們掌控自己的命運；以及第二，**不要愛上自己的構想**。格羅斯定下一條新規則，如果找不到另一家公司願意投資他的孵化器所投資的公司，他便會終止再投入資金。

有一家入選的新創公司，就是照片管理軟體公司Picasa。格羅斯在2002年成立這家公司，當時他看出數位相機就要廣為盛行。其實Google也看到這個趨勢，但他們吹噓的網路爬蟲（web crawler）最初並沒有影像搜尋功能。就在Google公開上市前不久，這家公司找上格羅斯，打算進行一場交易：他可以取得當時價值數千萬的股票，如果到了今日則是增加數倍的價值。

Google在2004年8月19日公開上市，第一個交易日上漲18%；格羅斯和歐尼爾都沒有透露他們投入Google時的準確估值，但他們遠比在Google初上市時買股的一般投資人提早許多。不到十年，投資的每1美元都變成15美元。歐尼爾已經了解到名氣的關鍵優勢之一：**在成功的公司公開交易前，利用名人的優勢加入**。

歐尼爾說：「它就這樣送到我面前，我知道它會大爆紅。於是我心想：『哇，我要試試看。』我唯一後悔的一件事，就是希望當初有多買一些股票。」

但基本上來說，好萊塢在網路泡沫破滅後已經對矽谷失望。因此，隨著科技股開始復甦，Google之類的公司股價再次走高，娛樂界在這波新榮景卻大多只是袖手旁觀。

「他們給了我很多股份。」

如果歐尼爾是2000年代初期NBA最有主宰力的球員，那麼在饒舌歌手世界裡與他地位相仿的人，必然是綽號「五角」的柯蒂斯．傑克森（Curtis Jackson）。這位肌肉發達的前毒販，以2003年的暢銷專輯《要錢不要命》（*Get Rich Or Die Tryin'*）闖進主流音樂界；不到三年時間，他就靠著包括唱片、出版、旅遊、運動鞋、服裝、電玩以及自家唱片公司等由他一手建立的娛樂商業帝國，創造5億美元銷售額。

等到他在2006年登上《富比世》封面，他已經坐著駐伊拉克美軍常用的相同車款，附有防彈車窗與防炸彈底盤、價值20萬美元的黑色Chevy Suburban在紐約四處遊走。五角光是那年就有4100萬美元落袋，但他的目光並非只放在現金——

五角估量他用代言換取股權的加味水公司，有一天會被可口可樂收購。

「我在打造一個可長久持續的獲利基礎，因為名氣來得快又去得快，而且也可能令我迷失在揮霍的生活方式。我從來就不是為了音樂而入行，我入行是為了生意。」他說。

維他命水就是上述的話題飲料，五角收到其母公司Glacéau的股份，以換得他的支持。持股總數根據後來報導為5%，對這位饒舌歌手來說，似乎是筆豐厚的報酬了，因為他推出專屬的Formula 50口味，並成為品牌形象代表。這次的交易是由五角的經紀人、已故的克里斯·萊蒂（Chris Lighty），與當時的維他命水行銷副總裁洛罕·歐札（Rohan Oza）所安排。

理論上，歐札和五角似乎沒有太多共同點。他的雙親是印度人，他在非洲長大，在密西根大學取得企管碩士，事業的起點是賣糖果——在M&M的供應商瑪氏食品（Mars）任職。至於五角，則是在皇后區飽受毒品荼毒的街角長大，沒有受過什麼正式教育，第一份工作是在紐約街頭販售古柯鹼。歐札後來到了可口可樂的Powerade運動飲料部門服務，而他和五角的緊密關係，也是從那時開始。

「我不算是循規蹈矩的人。」歐札說道，他堅稱自己和五角一樣，因為盛氣凌人的風格讓許多人不敢靠近自己。他在2002年跳槽到Glacéau，且不到兩年就決定，他的品牌需要找位嘻哈歌手充當門面。在衡量比較五角和Jay-Z之後，考量五角和該飲料公司都出身皇后區，歐札決定先接觸五角。當他們開始討論到代言數字時，歐札告訴五角，公司無法給他太多錢；五角則說他很樂意收取股權，在自己身上下注。

沒多久五角在電視廣告中擔綱演出，既提升其個人形象也連帶推升維他命水的形象。在其中一部廣告中，五角喝下Formula 50後，竟神奇地能在高貴的音樂廳指揮貝多芬交響樂。「自從他開始喝維他命水Formula 50，他覺得自己游刃有餘。」廣告旁白說道，此時五角指揮著絃樂隊，演奏他的暢銷金曲〈嘻哈大舞廳〉（*In da Club*）的混音編曲版。

他並非唯一有這種工作安排的名人。Glacéau也找上歐尼爾想請他拍廣告，但這位籃球員一亮出自己的價碼，就遭到對方斬釘截鐵地拒絕。歐尼爾回憶道：「他們說：『我們無法付給你那麼多錢，因為要付錢給五角。』」換做幾年前，歐尼爾可能會對這種談判手段嗤之以鼻。不過他選擇繼續傾聽，而Glacéau也很快便提出條件。歐尼爾接受了，最後在一部廣告中，搞笑地飾演一名賽馬騎師。為什麼？「他們給了我很多股份。」

讓「矽谷牛排滋滋作響」

正當五角和歐尼爾大舉獲得維他命水公司的股權，霍羅維茲卻在尋找不同的突破方式。在2002年將Loudcloud核心業務賣給EDS之後，他新城立的Opsware公司，股價卻重挫到只剩每股0.35美元，因為投資人很難理解這個重大轉變背後的道理。那斯達克交易所通知他，如果股價不能在九十天內突破1美元關卡，公司就要停牌下市。

這代表霍羅維茲必須說服市場，或至少說服一位口袋夠深的投資者，開始買進更多Opsware公司股票。這一次，霍羅維茲沒有找奧維茨，而是找上另一位交易高手，對方知道如何引進名流，讓「矽谷牛排滋滋作響」：羅恩．康威，他將歐尼爾及西恩．帕克列為投資夥伴。霍羅維茲解釋說，Opsware公司其實狀況良好，原因在於和EDS簽訂的Loudcloud交易合約中，有個附帶協議是保證霍羅維茲的公司年營收至少2000萬美元。然而Opsware公司的股價顯示，投資人對該公司的估值，竟然僅有現金儲備的一半——幾乎就像是在說一輛後車箱中有1萬美元、性能良好的汽車，卻只有5000美元價值。

康威建議霍羅維茲去見投資銀行艾倫公司（Allen & Company）老闆赫伯．艾倫（Herb Allen），並安排他們會面。等到霍羅維茲抵達艾倫在紐約的總部，艾倫一開始就明白表示自己十分信任康威，而且會非常認真地對待他所推薦的人。霍羅維茲接著深入講解Opsware公司的故事，解釋公司為什麼遭到低估。艾倫在簡報期間頻頻點頭，並讓霍羅維茲知道，自己明白眼前的人其實是個有能力的人。在接下來的幾個月，艾倫和公司開始買進Opsware公司的股票，不到一年時間，股價就開始翻漲。

即便霍羅維茲仰賴康威和奧維茨之輩的商業顧問協助處理大規模的問題，他也開始從娛樂圈尋找商業靈感，來幫自己處理日常營運業務。有一次，他注意到NBA球隊波士頓塞爾提克隊總教練湯米·韓森（Tommy Heinsohn）動輒發脾氣的招數已經不再管用，球員再也無法理解總教練為什麼要他們做某一件事，這位總教練也因而失去對球隊的掌控。於是，霍羅維茲決心要確保所有員工不但都能理解他所下的指示，還要理解為什麼必須那麼做——從而授權給他們——這是一個優秀組織的標準。

霍羅維茲還必須學會，改變他繼承自父親的脾性。他說：「只要和我父親在一起，什麼事都要爭到底。」有一度，年輕的霍羅維茲發現自己老愛口出穢言，在辦公室形成充斥咒罵聲的環境——而且對於這樣的情況是否可以容忍，他的員工之間多少也起了爭辯。於是，他借鑒1970年代的監獄題材電視劇《不羈監生活》（*Short Eyes*），劇中有個角色被其他犯人稱為「杯子蛋糕」。

「我們將容許粗言穢語。」霍羅維茲告訴員工，並解釋他並不希望Opsware公司因為一本正經的拘謹名聲而失去頂尖人才，「這並不代表你可以用粗言穢語去威逼、性騷擾別人或者做其他壞事。如此一來，粗言穢語和其他語言並無二致。就以『杯子蛋糕』這個名詞為例，我如果對珊儂說：『你烤的這些杯子蛋糕，看起來很美味』那就無傷大雅；但如果我對安東尼說：『嗨，杯子蛋糕，你穿牛仔褲爆好看的。』這可就不行了。」

當科技公司感受到名人力量

正當歐尼爾和五角一心關注維他命水這家跟科技毫無關係的新創公司，南加州冒出一家新的線上平台——克里斯・德沃夫（Chris DeWolfe）與湯姆・安德森（Tom Anderson）2003年夏天在洛杉磯創立Myspace社交網站，很快就證明對北方的鄰居也有吸引力。

Myspace網站挾帶著Friendster的成功大步前進——Friendster是2000年代初期的社交網站，由矽谷巨擘如基準投資公司（以對Dropbox、Twitter、Uber的投資聞名）等資助，但後來該網站卻逐漸成為搖滾樂團公布相關消息的主要來源，讓樂迷在此可更加了解他們喜愛的樂手。加上大量由使用者上傳的照片，從單純的自拍到隱晦的色情圖片等，幫

Myspace在兩年時間就累積了3300萬用戶。其中從「流行尖端」（Depeche Mode）到「威瑟合唱團」（Weezer）等樂團，都利用這項服務推銷新專輯。

「許多演藝人員開始使用新創公司的服務，基本上是為了能讓他們所發布的消息更加廣傳，能夠在沒有中間人的情況下和粉絲更緊密連結。」知名經紀人特洛伊・卡特說，他當時同時忙著處理尼力（Nelly）和女神卡卡的演藝工作事宜，「Myspace是我們真正看到的第一波。之後，我想科技公司的創辦人注意到，這些藝人為他們的平台帶來這種粉絲基礎，同時也創造大量用戶黏著度。我想，很多創辦人試著開始想辦法獲得這些用戶。」

德沃夫與安德森在構思和執行創意方面非常有想法，但關於保障個人股權時，就不是這樣了。首先，他們是在任職的Intermix公司旗下創立Myspace，而不是獨立創辦。其次，當他們在2005年以4600萬的估值和25％股份，向矽谷知名創投公司紅點投資（Redpoint）籌得1150萬美元，其實是附帶一條奇特的條款：保證萬一Intermix要出售，Myspace的價值將是1.25億美元的固定價格。這是個複雜的過程，卻有個更簡單卻平淡無奇的結果：當媒體大亨魯柏・梅鐸（Rupert Murdoch）的新聞集團（News Corp）在2005年6月，突然迅雷不及掩耳地以5.8億美元收購Intermix，創辦人只能從這筆意外之財分得2140萬美元，紅點投資卻拿到6500萬美元。

雪上加霜的是，德沃夫和安德森的創意，很快就因Facebook而相形見絀（據說他們在2005年拒絕以7500萬美元買下馬克・祖克柏〔Mark Zuckerberg〕這家公司的提議）。Facebook這個社群網站起源於哈佛的宿舍，由祖克柏於2004年和幾位好友一同創立。那年夏天，西恩・帕克——從身為音樂產業的反派，轉身成為前述康威（Napster投資者）的新門徒——突然寫了封電子郵件給該公司創辦人，要求安排會面。到了那年年底，他加入該公司成為總裁，在年輕又稚氣的Facebook創辦人，與可能成為該社群網站最大資助者的矽谷巨頭間充當溝通橋梁。

「西恩發揮了關鍵作用，幫Facebook從一個大學專題計畫轉變為一家真正的公司。或許最重要的是，西恩幫忙確定有意投資Facebook的人，不但買進了公司，也同意『分享可讓世界更開放』的使命與願景。」祖克柏後來說道。

隨著Facebook一步步從大學校園及中學，悄悄地在2006年進入到更廣大的群眾之中，科技巨擘拿出愈來愈高的條件誘餌，想買下這家社群網站。祖克柏看著出價愈來愈高，找上矽谷資深投資人羅傑・麥克納米（Roger McNamee）徵詢意見，商量一個高達數十億美元的誘人開價。麥克納米是創投業者，與波諾及其他人於2004年創立私募股權公司Elevation Partners，他建議祖克柏這位年輕創辦人應該牢牢地抓住自己的公司，而祖克柏完全聽從他的建議。麥克納米後來算得上是祖克伯的商業導師，他最後與波諾大約在2007年時，以天使投資人身分進行投資。[2]

Facebook就像之前的Myspace，似乎屬於新一類的科技公司，證明對創作者頗有助益。即便如此，好萊塢對矽谷及其最新輸出的產品，態度依然顯得相當冷淡。創投公司德豐傑的羅伊森記得，在2000年代中期，她曾和一位大牌演藝經紀人會面，對方有意將她的人生故事改編為一檔電視節目，但經過仔細評估後，她決定不做。

「我想聽聽你的想法。」羅伊森問，「對方大概是這樣說的：『我們不想做和矽谷有關的節目，因為那些人沒有（洛杉磯的人）那麼有吸引力，他們似乎沒有那麼多風流韻事，而且他們整天就盯著電腦螢幕。我們怎麼可能用那些東西，做出一檔電視節目？』」

開始對以股權取代現金感興趣

在此同時，維他命水則驟然地不斷抓住大眾的目光焦點，因為一連串的名人出現在一系列愈來愈吸睛的廣告中。在其中一支廣告裡，歌手凱莉·安德伍（Carrie Underwood）、

2 作者註：2009年，Elevation本身據說挹注了9000萬美元給Facebook，隔年又追加1.2億美元；從2009年到2011年，Facebook的估值從100億美元飆升至500億美元。

職棒大聯盟球星大衛・歐提茲（David Ortiz）、美式足球球星布萊恩・厄拉赫（Brian Urlacher）以及籃球明星德懷特・霍華德（Dwight Howard）連同五角，在Glacéau的旗艦飲料協助下，加入在俄羅斯的太空人訓練。而在另一支廣告中，五角與NBA名人堂球星史蒂夫・納許（Steve Nash），聯袂現身在一則廣告中，讚美能量飲料所帶來的好處。「我以前都得千辛萬苦才能攝取維他命——直到我創造了自己專屬的維他命水口味！」五角在該廣告說，「現在我可是超有錢的！」

五角很快就體會到有錢和富裕的差別。2006年，Glacéau公司的年營收達到3.55億美元，預測隔年總營收可達7億美元。這數字有助說服印度的Tata Tea，以6.77億美元購買該公司30%的股權。之後在2007年5月，可口可樂——該公司設法要在非碳酸飲料類別打破百事可樂的領先地位——突然展開行動，以41億美元現金買下Glacéau公司。

Tata Tea的投資在短短一年就增加一倍價值，但五角的成績更好。這位饒舌歌手只是花了一點時間、精力以及行銷本事，就帶走大約1億美元。根據報導出來的數字，他拿到的錢最高達前述金額的四倍，少則為三分之一，但歐希瑞證實數額在這中間。前創意家經紀公司經紀人賽斯・羅德斯基（Seth Rodsky）幾年前也曾給歐希瑞機會投資Glacéau公司，但他拒絕了，因為他依然為了網路泡沫破滅而感到痛苦。「在五角做這筆交易時，也曾有人給我這個交易機會。

那個曾給過我那個交易機會的人……我現在對他可是言聽計從。」歐希瑞說道。

至於五角，這位饒舌歌手成為善用明星力量的標準。他很快就將投資組合從音樂、旅遊以及電影，拓展到尋找下一個維他命水：他的耳機系列（SMS Audio）、能量補給飲料（SK Energy），最後是投資可溫度控制的男性四角褲（Frigo）。他甚至前往南非與礦業億萬富豪派特里斯・莫茲皮（Patrice Motsepe）會面，目的是創立以五角為品牌的白金首飾。

五角於隔年告訴我：「大家都在說我（靠Glacéau）賺了多少錢，但我的重點是放在資本市場所創造的41億美元。我想我未來可以做更大的生意。」

經過磨難的歐希瑞，重新將心力集中在音樂事業，他負責管理瑪丹娜的經紀事務，而這個身分有助充實他的金庫。按照《富比世》雜誌估計，〈拜金女孩〉（Material Girl）在2007年到2010年的稅前純益，累計達2.8億美元，而歐希瑞則賺進八位數佣金。當羅德斯基給他另一個投資機會：椰子水品牌Vita Coco時，當時該品牌的估值是2800萬美元，而他投資了120萬美元，並且找來馬修・麥康納（Matthew McConaughey）與瑪丹娜等知名友人。到了2014年，Vita Coco的價值達6.65億美元。

歐希瑞在創意工廠的投資，也隨著2000年代漸漸過去而開始有起色。雅虎（Yahoo）2003年以16億美元買下搜尋引擎GoTo（後改名為Overture），創意工廠拿到4億美元，是迄今最理想的退場。隨著這十年接近尾聲，這家新創公司工廠的早期投資者，包括史蒂芬·史匹柏及麥克·道格拉斯，都獲得可觀的投資回報。格羅斯說：「他們都賺回許多倍的錢。」

至於歐尼爾，當然也靠著維他命水套現獲利。他不願透露確切數字，只說他的收穫足以媲美他當球員的黃金時期。**即使Glacéau公司不是一家科技新創公司，但五角、歐尼爾以及其他人的成功，都讓娛樂界對以股權取代現金更感興趣**——有助讓娛樂界人士，更安心地將錢投入矽谷的新創公司。

這裡是矽谷，不是好萊塢

和格羅斯差不多，霍羅維茲也是艱難地度過網路泡沫破滅時期，靠著機敏、堅毅以及願意聽取灣區以外消息來源的建議，如奧維茨，讓公司得以維持生存。他從雲端運算公司轉向軟體公司的改變奏效了。不到幾年，市場已經復甦，讓大型科技公司能夠放開手腳，進行同等規模的併購。而惠普就是這樣做的，以16億美元買下Opsware公司。

霍羅維茲突然發現自己理論上已經不僅是百億富翁了：

他和安德森的金庫飽滿，現在也有時間和精力自行當個創投業者。他們賣出Opsware的時機正好——2008年年底，經濟大衰退來襲，市場再次暴跌到網路泡沫破滅時的低點，而且暴跌的不僅是科技股。金融公司如雷曼兄弟（Lehman Brothers）及貝爾斯登（Bear Stearns）紛紛破產倒閉，一時間，全世界的經濟似乎瀕臨徹底崩潰邊緣。投資人再次匆忙撤離，在債券、現金及黃金尋求保險——同時遠離股票，包括科技公司，即使市場的傳染源大多要追溯到住房與銀行業。

和格羅斯一樣，這兩位Opsware元老對商業界的長期逆風抱持樂觀態度，於是在2009年公開市場觸底時，他們創立了安霍創投。這個雙人組合對這家創投公司抱有期許，也期待公司與矽谷同業有別。首先，既然是由創業家建立的，安霍創投的目標就是以創辦人為中心。這代表其投資的新創公司依然會希望由公司創辦人負責，而且他們會盡可能比其他創投競爭者給予更有利創辦人的條件。

霍羅維茲認為創辦人有兩大不利條件：他們未必受過專業管理訓練，而且人脈網通常不如經驗豐富的企業執行長廣泛。他的解決辦法就是建立一家創投公司，效法好萊塢在這些方面幫助創業家——具體來說，就是麥可．奧維茨經營創意家經紀公司的模式。

奧維茨在28歲創立演藝經紀公司創意家經紀公司，那是在離開當時最頂尖的經紀公司威廉・莫里斯（William Morris）之後。但威廉・莫里斯比較像是一群經紀人組成的鬆散組織，而不是統一的機構，而那正是奧維茨迫切想改變的情況。為能穩固建立他心中的組織文化，奧維茨與其他創意家經紀公司的同事延遲數年才領薪水，將他們的佣金重新投入在公司裡——他們共同承擔的一場賭局。很快，這家經紀公司就在好萊塢頂尖藝人的爭奪戰中，與威廉・莫里斯正面交鋒。

「我們決定幾乎照搬創意家經紀公司的營運模式。麥可認為這是很好的想法，但他是唯一這樣想的人，因為其他人提出的意見差不多都是這樣的論調：『這裡是矽谷，不是好萊塢。』」霍羅維茲後來寫道。

Chapter 4

等等，
我也要投資！

我在蓋伊・歐希瑞位於比佛利山莊家中，正要和他的鄰居艾希頓・庫奇坐下來，吃一頓極具加州風味的酪梨加蛋早餐。我來訪的目的，是為了2016年《富比世》封面故事預定介紹這個雙人組而進行採訪，但庫奇一心只想談論五角。

饒舌歌手五角的維他命水交易，不僅幫他的銀行帳戶增加了九位數，更鼓舞所有娛樂界人士盼望著將名氣變現，以獲得最大的利益。當協議的消息傳來，庫奇才剛與耐吉完成一項「傳統的代言交易」。

他告訴我：「我聽到這件事的反應是：『啥，等等，給我一秒鐘。我得搞清楚怎樣進入這場股權遊戲，因為這實在更加合理多了。』那場交易尤其是改變整個局勢的關鍵。」

在庫奇開始擴大自己的投資組合前，他花了點時間安慰錯失維他命水投資機會的好友歐希瑞。

「我記得那家公司被收購時，我來到你家，你陪我坐著。」歐希瑞說。

「對，我說：『還好嗎？』」庫奇說。

「我清楚記得你後來對我說的話，你記得對我說了什麼嗎？」歐希瑞向庫奇說道。

庫奇似乎不記得，而歐希瑞也不是很確定是否希望他記得。我催歐希瑞快告訴我，他卻支吾其詞。

「那是很私密的對話。我只是覺得傷心和難過……」歐希瑞嘆道。

「曾有一個交易機會擺在他面前，而他沒有選擇接受。」庫奇幫歐希瑞把話說完。

「我曾有過一次賺大錢的機會。我卻沒有接受。」歐希瑞悶悶不樂地重覆道。

以歐希瑞住家的大小和所在位置，可證明他肯定沒受到什麼財務上的傷害，但人人都討厭錯失良機。於是庫奇趕緊把這場對話草草帶過。

「像那樣的交易機會在娛樂圈是源源不絕的，對吧？他們想讓公司更上層樓，所以需要和比自己更大的品牌拉上關係，這樣才能得到品牌提升，不管他們的產品是什麼，只有這樣才能進入主流。當交易機會來了，而我們總會試著鑑別和甄選，『這究竟只是一時火紅，還是這產品真有這麼好？』」庫奇說。

庫奇勝過其他名人以及許多全職創投業者之處，就在能夠認真鑽研並思考這些問題。他在矽谷本來就非常受歡迎，畢竟矽谷新創公司創辦人迫切渴望這位社群媒體上的潮流人物，能幫他們獲得大批新用戶。在五角獲得豐厚回報後，庫奇開始前往舊金山，找任何願意跟他聊聊的創投業者見面。他證明自己不是只有一張俊俏臉蛋，還開始獲邀投資科技界最有前途的新創公司。

在與投資家隆恩・柏考合作創立A級投資公司後，庫奇與歐希瑞不但獲得成功，更迅速累積強大聲譽，從Google前執行長艾瑞克・史密特（Eric Schmidt）到雲端服務公司Saleforce創辦人馬克・貝尼奧夫（Marc Benioff）等億萬富豪，都願意拿出幾百萬交託給他們。

「最近我們這一行有許多名人『觀光客』。有名的人伺機而動，想要分一杯羹，卻沒有帶來任何價值。但對艾希頓來說，他把幫忙增加投資公司的價值，當成職責。」Uber早期投資者、億萬富豪克里斯・薩卡（Chris Sacca）告訴我。

螢幕憨傻，私下精明

庫奇或許是走一條難以想像的路線通往矽谷，但他通往好萊塢的路徑同樣非正統。他在愛荷華州錫達拉皮茲市的一個工人階級家庭裡長大，大約10歲時找到第一份工作：在父親從事的住屋翻修事業，幫忙鋪設屋瓦。其他早期做過的短工還包括當洗碗工、泥水匠以及屠宰工人。

他曾就讀愛荷華大學，主修生化工程。為支付食宿費用，他每周以60美元代價捐血，暑假還在通用磨坊（General Mills）工廠當工人。庫奇的計畫在贏得一次模特兒大賽後出現變化，促使他從大學輟學，搬往紐約、又搬到洛杉磯。他在洛杉磯得到大好機會，拿到情境喜劇節目《70年代秀》（*That '70s Show*）中麥可・凱爾索（Michael Kelso）一角。

儘管節目非常成功，觀眾卻幾乎看不出庫奇隱藏在該憨傻外表角色下的聰慧機敏；而在他將事業版圖擴展到電影時，還是繼續拿到愚笨膚淺的角色──或許他最有名的角色，是被影迷喻為邪典電影經典，2000年上映的《豬頭，我的車咧？》。庫奇在片中飾演一位因吸毒而想不起自己把車停在哪的癮君子（而他設法尋車的過程，最後卻意外拯救了宇宙）。甚至是在2003年於MTV首播、完全沒有腳本的《惡整名人》（*Punk'd*）真人秀節目，庫奇也是靠著對演藝界明星們做出一系列的惡作劇舉動，徹底將他的螢幕憨傻形象放大到極致。

只不過在副業方面，庫奇從事的可是精明許多的事業。他成立的Katalyst製作公司負責處理《惡整名人》和真人實境秀《美女與宅男》（*Beauty and the Geek*）的製作。庫奇知道可以製作並擁有自己的內容，但如果繼續資助Katalyst

製作公司，很快就會把錢燒光，於是他向從科技新聞媒體《TechCrunch》挖角來的數位主管莎拉・羅斯（Sarah Ross）求助。羅斯原先在TechCrunch負責匯聚矽谷一些舉足輕重人物的熱門研討會，她告訴庫奇，應該去結識那些重要人物，或許他們可以幫忙壯大Katalyst。

「當時，還沒有任何演藝名人接觸《TechCrunch》。她和我一起坐下來後說：『我會幫你安排十場會面，而我希望你和這些人可以坐下聊聊，你的任務就是去了解他們。你必須在這個圈子裡建立信譽，因為他們在乎這點。這些人努力多年才達到今日的地位，所以你不可能一進來就想居於上位，唐突地推廣你的東西。』」庫奇回憶道。

於是，庫奇見了矽谷幾位核心人物，如麥可・阿靈頓（Michael Arrington）、羅恩・康威與馬克・安德森。庫奇說他每次赴會時，都假設自己是那個「房間裡最笨的人」，他告訴自己務必將90%的時間用在傾聽，剩下時間則是提出腦海裡想到的所有問題。

庫奇發現比為自己的製片公司找贊助者更有價值的事，就是**和精明且人脈關係良好的投資人與創業家朋友建立人脈網絡，並跟著他們進行投資交易**——也就是康威之流的矽谷人士之操作方式。他認為自己也可以效法。庫奇最早得到的啟發之一是：**分享得知的熱門投資機會，不但可幫助好友，其實更是提升自身持有資產價值的方式**。

「每個我知道的優秀投資者都樂此不疲，因為他們對自身為公司增加的價值都是信心十足。你不會從那些投資老手身上討到什麼便宜。事實上他們歡迎我加入，是因為或許我能在他們不了解的領域中，貢獻一些知識。而我就是這樣開始建立和其他投資人的聯盟，進行資訊分享與交流。」庫奇說，他現在不時說起新創公司行話，似乎比一般矽谷投資老將更顯輕鬆自在。

雖然像康威和安德森之流的投資人對名氣並不陌生，在第一次科技繁盛期更與歐尼爾乃至MC哈默（MC Hammer）等名人過從甚密，但庫奇的態度依然勾起他們的興趣——也包括他的時機。

安德森告訴我：「有段時間，很少、很少矽谷以外的人會認真看待這件事。畢竟在當時這不算是一件多酷的事。他是新生代名人中最早加入的人之一。」

庫奇還有一個特點，是許多創業家夢寐以求的：非常龐大的社群追隨人數。2009年他擠下知名脫口秀主持人艾倫·狄珍妮（Ellen DeGeneres），成為Twitter追隨者達100萬的第一人。對於公司成長取決於盡速累積大量用戶的新創公司來說，讓庫奇成為投資人，是爭取顧客的輕鬆方法。如果他在推文中提到一家公司，縱使他的追隨者只有1%使用該公司產品，那也代表多了1萬個新客戶；若透過傳統管道做廣告，可能要花上5萬美元。對創辦人來說，庫奇出手幫忙的唯一代價，就是賣給他更多股權，並踢掉其他投資人；或是減少其他人的投資，以容納庫奇的資金。

起初，庫奇投入的資金並不大，但他經過明智選擇後，在提供使用者定位的社群網路服務公司Foursquare投入25000美元。之後在2009年，安霍創投和投資公司「銀湖」（Silver Lake），以20億美元向eBay買下Skype的控制股（controlling stake），因為多年來eBay並未將Skype當成公司的主要業務。他們的構想是：將Skype變成視訊和語音通話的指定工具。安德森打電話給庫奇，後者簽約投資100萬美元至Skype。庫奇說，他後來花了相當多時間「透過討論去了解，為何視訊工具可轉變成幫助創作者產出高附加價值的影像內容。」不過，在這些構想大部分得以施行之前，微軟就買下這家公司了，據說金額為85億美元，讓庫奇的這筆投資在僅僅十八個月，就增加數倍價值。

「其實是馬克·安德森打電話給我說：『嘿，這筆投資會很有搞頭。』然後跟我解釋這場交易為什麼有獲利價值。我基本上還是毫無頭緒……只是投資Skype的報酬，基本上可抵過我所有其他的天使投資資金。」庫奇說。

最大的一塊餅

即使身為好萊塢最早參與矽谷最新一波科技榮景的人之

一，庫奇——以及演藝圈同行——還是來得太晚，沒能趕上投資許多很快就顛覆娛樂業的平台。但演藝經紀公司創意家經紀公司，幾乎差點吃到最大的一塊餅：YouTube。

一位名叫賈德．卡林姆（Jawed Karim）的PayPal年輕程式設計師，和幾個朋友在2005年創立這家串流影音巨擘，據說靈感來自渴望找到珍娜．傑克森（Janet Jackson）與賈斯汀（Justin Timberlake）在超級盃中場表演的「乳首門」（Nipplegate）不雅鏡頭。該網站在一年內便迅速成長到新創獨角獸地位。這時，麥可．亞諾佛已經離開宏媒體公司，跳槽到創意家經紀公司，目標是重振科技和娛樂之間的浪漫關係。「我們都對YouTube的出現大感振奮。」他回憶道，「只不過，大家感到振奮的倒不在於貓彈鋼琴或小朋友咬襁褓中的弟弟手指那一類的東西。」

當紅杉資本的馬克．克瓦姆（Mark Kvamme）向亞諾佛提及，紅杉資本剛剛投資YouTube，亞諾佛便安排引薦這家新創公司的創辦人，並前往舊金山，企圖敲定一筆對雙方都有益的交易。他的想法是：由創意家經紀公司代表YouTube，以此換取一部分的股權。理論上，這家經紀公司可為公司裡的明星和這個剛萌芽的平台居中聯繫，強化當時YouTube仍缺乏的創造力。

亞諾佛帶著YouTube的年輕創辦人到他們辦公室——位於一家香氣四溢的披薩店樓上——附近吃午餐。亞諾佛覺得他們不像科技巨人，反倒更像漫畫裡還是青少年的忍者龜。「他們在餐廳點披薩，我覺得非常有趣。」亞諾佛說，「你們今天一整天都聞到披薩的味道，我猜你們一定很想吃披薩。」

那次會面後，亞諾佛持續斡旋，但每過一個星期，股票就愈昂貴，因為YouTube迅速增加到2000萬用戶，每月有超過1億段影片的觀看數。最後到了2006年10月，公司創辦人判定他們根本不需要創意家經紀公司，並以16.5億美元賣給Google（十年後，YouTube約占Google年營收中的90億美元，而且這項服務現在的價值，比起創辦人最初的售價可能高出許多倍）。

YouTube的出售，也意味著娛樂界人士又錯過擁有下一個大平台的機會。那年2月，亞諾佛再次與克瓦姆坐下來討論YouTube現象。距離紅杉資本最初投資已將近一年，雖然YouTube網站的普及迅速暴增，但大致來說還是一個使用者上傳寵物影片、加上私自剪輯電視片段的大雜燴。

「沒有任何真正專業的內容——沒有創作者，沒有好萊塢人士。我們只是假設，如果要在YouTube創生點專業的內容，那會是什麼樣？」亞諾佛說。

利用科技，創造內容

克瓦姆和亞諾佛認為，或許還有空間可容納一個由創意家經紀公司和紅杉資本所資助的平台，重點放在簡短、相對低廉的視訊影片。喜劇似乎是最合適的——快速、容易引起注意，不太需要用力行銷就能爆紅。那年3月開始，他們從創意家經紀公司的客戶開始，找了數十位名人和經紀人。但他們商談過的人，大多對給股權不給現金的計畫不感興趣。最後，他們找到一個可能的適合人選：創意家經紀公司的客戶威爾·法洛（Will Ferrell），以及他的電影製作拍檔：亞當·麥凱（Adam McKay）和克里斯·漢契（Chris Henchy）。

不過，畢竟這樣的商業模式不是那麼容易說服他人接受。亞諾佛與克瓦姆在2007年的溜冰喜劇《冰刃雙人組》（*Blades of Glory*）攝影片場，和法洛與麥凱在他們的拖車上會談。麥凱的工作資歷包括在《周六夜現場》（*Saturday Night Live*）擔任過一段時間的編劇，他非常喜歡短片形式；法洛是深感興趣，但一開始也心存懷疑。

「那麼，我們拍一段影片會有多少預算？」法洛問。

「預算是零。」亞諾佛回答。

「你說預算是零，是什麼意思？」法洛說。

「預算就是零。」

「呃，我不明白。」麥凱說。

「你找台手持式數位攝影機拍攝，拿那台機器製作所有影片。沒有服裝、髮型、化妝、燈光的工作人員。」亞諾佛回答。

「不會吧，真的嗎？」

「是，真的。」

「好吧，好吧，我們明白了。」

經過幾次會面，法洛和麥凱才簽約，而亞諾佛在這段期間還要一再勸說紅杉資本不要退出交易。他最後在羅斯福飯店敲定這筆交易，法洛與麥凱正在那裡研究喜劇電影《爛兄爛弟》（*Step Brothers*）劇本。亞諾佛帶著建議前來：他們可以做個像「辣妹與帥哥交友網」（HotorNot.com）的網站——早期網路2.0版的粗陋網站，可針對所有人的外貌吸引力進行投票評分——只不過該網站針對的是喜劇。

「那就取名『好笑與否（Funny Or Not）。』」亞諾佛解釋道。

「如果用『不好笑毋寧死』（Funny Or Die）呢？」也在場的漢契建議。

「更好。」

這個網站名稱就是由此而來。在最早的其中一段影片，麥凱想在背景中播放歌手范・莫里森（Van Morrison）的音樂，認為他的新金主應該願意、也能夠取得許可而實現這件事。

「那可要花錢。你得取得影音同步權（sync deal）。」亞諾佛在觀賞短片時告訴麥凱。

「好吧，沒錯，但那可能就是得再花上1、2000美元。」

「預算是零。」

「我們不能置入音樂嗎？」

「不行，預算是零。我說零，就是零。」

不過，「不好笑毋寧死」在2007年4月創立，推出十支短片，幾乎立刻引起轟動。這批短片中的傑作是一部名為〈房東〉（The Landlord）的瘋狂爆紅片：威爾．法洛在片中見到他的房東，遠比他預期的年輕許多（一個名叫珍珠、還在學走路的幼兒）。這段影片如今號稱點閱超過1億次，累計播放次數的增加速度之快，讓這家新創公司不得不匆匆買進更多伺服器空間。

「法洛至今已經從股權得到報酬，還有亞當．麥凱、克里斯．漢契也是。創意家經紀公司沒有出錢。我們是共同創辦者，所以我們拿到共同創辦人股權。當時錢都是紅杉資本出的。」亞諾佛說。

到了2010年，「不好笑毋寧死」據說營收已達數千萬美元——過後不久，企圖收購的企業又將其價值推到九位數。好萊塢，再次對矽谷熱絡起來。

尋找結合科技和娛樂的機會

蓋伊．歐希瑞也開始重啟他與科技界的關係，因為廣大的市場趨勢將音樂產業又往矽谷拉攏。iPod的問世以及後續推出的iTunes Stores，都為藝人開啟新的收入來源，也為蘋果開拓嶄新的內容需求。這一次，唱片公司比起從前面對Napster時，更能接受了。

創投業者喬許．艾爾曼回憶：「史蒂夫．賈伯斯現身說：『我已經把這些iPod全賣光了，我只會優先把聆聽音樂的裝置安裝在Mac產品上，而這只占所有音樂產業消費者的3%。』而且他說：『我們是蘋果，我們就是會這麼做，而你們人人都超喜歡iPod。』因為後來其他公司難以達成的交易，他都能達成。」

在網路泡沫破滅後幾乎都在場邊觀望的歐希瑞，避開了在經濟大衰退期間遭到類似的痛擊，他在那段經濟衰退時期，主要專注在經營瑪丹娜的演藝事務。當瑪丹娜2009年完成「黏蜜蜜世界巡迴演唱會」（Sticky & Sweet Tour），收入超過4億美元，而歐希瑞花了一些時間思考是否再嘗試投資一次。

「我的工作就是發掘優秀藝人，在這裡也是同樣一回事。我有種感覺，我可能非常善於發現創意，然後幫助創意進到主流市場。」歐希瑞說。

從椰子水品牌Vita Coco的成功中重新感受到一些投資所帶來的魅力後，歐希瑞又栽入以網路為主的新創公司：酷朋（Groupon），這項服務讓人在團購商品時可得到折扣。他找上創辦人安德魯・梅森（Andrew Mason），提出一些想法，最後成為公司的顧問及投資者。歐希瑞的娛樂界人脈證明大有用處，因為酷朋和娛樂公司理想國（Live Nation）合作，推出演唱會套票組合。

歐希瑞開始四處尋找其他結合科技和娛樂的機會，目標是分散投資組合，避免再次被市場痛擊。隨著他更深入探索新創公司的世界，他一直注意到有個好萊塢同行也在做同樣的事：庫奇，這位好萊塢演員有著與歐希瑞類似的經驗。

庫奇說：「我愈來愈清楚地看見，蓋伊在這個領域並非淺嘗即止。我會和我有興趣投資的公司開會討論我們彼此可以做些什麼，但他們卻一直問我：『蓋伊是誰？蓋伊是什麼人？』我則說：『他是我的好友之一。』這種情況一直出現。」

因此當歐希瑞打電話建議合作，庫奇答應了。後來他們找上歐希瑞的朋友柏考。柏考有感於這對搭檔的聰敏、門路，以及願意拿自己的真金白銀投資——每人各100萬美元，所以他也投資800萬美元，並讓他們使用自己的後勤部門提供支援。歐希瑞帶來從唱片公司任職時期，才開始為他效力的數位專家：20多歲、聰明機靈的阿貝・柏恩斯（Abe

Burns），協助A級投資。

有了這筆資金，這三人確定投資以三個指導原則為依歸：**創辦人**、**使命**以及**適切性**。庫奇再將之濃縮為幾個問題。關於創辦人：他們是誰？他們是做什麼的？他們的信念是什麼？他們想要建立什麼？他們有多大的熱情？他們擁有什麼樣的專業技能？跟他們工作有趣嗎？「我們只要投資了一家公司，就代表我們開始為這家公司而努力。如果我們不想為這家公司努力，那很快就會從投資名單上除去。」他說。

其次，A級投資公司的創辦人會觀察新創公司想做什麼。是在為人解決實際的問題嗎？為人類節省大量時間？最後，他們會盡量專注在真正幫得上忙的公司，如果他們認為自已的專業知識幫不上忙，就會略過一些符合其他兩個判斷基準的新創公司。庫奇提到一家無人機軟體新創公司Airware，雖然他們很喜歡這個創意，但最後還是拒絕投資。

庫奇記得當時這樣告訴該公司創辦人：「將我們的知識和技能用在你正在做的事情上，未必能為你增加價值。你可以把股權用在能確實幫到你的其他投資者。」他補充說，「我只是希望那孩子成功，因為我認為他真的很聰明，而且他在解決一個現實世界的問題，而我們只是不知道該怎麼幫上忙。」

A級投資公司的創辦人知道矽谷從根本上就與好萊塢不

同：矽谷更有協同合作的文化。矽谷不同於電影事業，只有一家製片廠能有一部熱門電影；也與音樂業界不同，唱片公司競相簽下頂尖人才。早期的科技投資者通常互伸援手，而根據A級投資公司挑選標的的紀錄，如酷朋、Vita Coco、Foursquare以及Skype，A級投資公司的創辦人不費吹灰之力就能召集到億萬富豪投資人——一位最早的投資人之一：安德森。

「他們的態度非常認真、專注，他們深入鑽研並提供協助……經常聽到我們投資的公司說，他們極為成功。他們對於公司應該做什麼往往見解獨到。如今，他們對娛樂業和科技業如何交集，有非常深刻的了解。」安德森告訴我，而當時我正在撰寫庫奇和歐希瑞的封面故事報導。

然而安德森也發現，許多觀察家對這對投資搭檔的表現感到疑惑。「我每四、五個月就會和娛樂業其他人士有這樣的對話。話題總會這樣開始：這些人怎麼能夠做那麼多，而且老是能拿到這些好的交易？根本難以置信。」他解釋。

那麼安德森的反應是什麼？「基本上我都會說：『你們不了解。他們在投資這方面的態度真的非常認真。』然後，我會接著說：『我是說真的。他們真的非常認真。』」

名人投資者開始湧現

隨著好萊塢與矽谷的關係繼續大解凍，名人投資者開始如雨後春筍般湧現。或許最典型的人物，就是饒舌團體武當幫（Wu-Tang Clan）的共同創辦人勞勃．迪格斯（Robert Diggs），他有許多藝名，但最常用的是「數位鮑比」（Bobby Digital）。

他在嘻哈音樂的環境中成長，這是建立在一種科技上的音樂類型：唱片轉盤，讓早期的DJ可拉長流行歌曲中，最適合跳舞的部分或間奏。不管是舞者在間奏期間展現霹靂舞技，還是主持人播放獨唱的部分，都為如今美國最受歡迎的音樂類型奠定基礎。數位錄音與編輯器材更進一步精簡了這個流程，無論是在現場表演或在錄音室錄製。正如迪格斯所說，像他一樣的音樂製作人再也不用拿刀片切開磁帶再貼回去。他認為，科技和音樂永遠交織糾纏、密不可分。

「我是數位鮑比，所以我一直認為數位世界是我們必須參與其中的，或者說我必須以某種角色參與其中。所幸，有時我不會拿自己的錢砸進去。我以自己的人格帶來價值。」他說。

迪格斯擁有股份的新創公司，從以科技優先的樂器製造商Roli，到婚禮規畫及登記公司Zola不等，他開始涉足投資這個領域的時間跟庫奇差不多，只不過沒有那麼張揚。他的投資入門，是個稱為WuChess的線上下棋計畫。

這場交易的另一方是布萊恩・奇斯克（Brian Zisk），一位愛好夏威夷衫、自由不羈的創業家，他有一半時間住在茂宜島，一半則在舊金山。他的起步是創立一家網際網路串流廣播公司，大約與Napster出現的時間差不多，但在公司成為頭疼的法律問題之前，他就設法脫手了。靠著這筆財富，奇斯克後來創辦SF MusicTech Fund，以及之後同名的系列研討會。他的投資項目之一，就是與人共同創辦的ChessPark網站。該網站讓使用者可和電腦、網友甚至是西洋棋領域的名人對弈。

出身貧寒的迪格斯在史泰登島長大，但讓他打開眼界、看到更廣闊世界的兩件事，就是武術和西洋棋。他在11歲時學習西洋棋，跟一個他宣稱奪走自己童貞的女孩學的；在他的青春期，他說自己大部分時間是花在這種一對一的遊戲。他的興趣，也是後來武當幫及其創作歌曲的靈感來源，如由功夫啟發的〈博弈大師〉（Da Mystery of Chessboxin），及該團體備受討論、限量一張的專輯《少林往事》（*The Wu: Once Upon a Time in Shaolin*）等。因此當迪格斯聽聞ChessPark，就熱切地想與奇斯克的公司合作。

奇斯克回憶道：「迪格斯說：『沒錯，我想涉足科技業。』我說：『好極了，那你能給我什麼？』然後他就說：『我們應該一起從事這個計畫。』我想那會給我們這方帶來大量的額外工作，並且需要花掉大量金錢。於是我說：『我看過類似的電影劇情，我們還是別做了。』」

但後續催生的構想還是頗吸引人：WuChess，一個沿用ChessPark架構的入口網站，創生了以武當幫為主題的網站。西洋棋中的車與馬可以做得看起來像團體中的不同成員。而武當幫數百萬粉絲可彼此對弈，甚至跟迪格斯對弈，而迪格斯則以自己的關係換取這家公司相當多股份。

WuChess創立於2008年6月，有5000名粉絲預先註冊，但僅有數百人預先支付48美元的會員年費。有了像嘻哈西洋棋聯盟（Hiphop Chess Federation）等組織的支持——該團體旨在透過嘻哈音樂及武術的連結，賦予年輕人更多力量與信心——加上與武當幫實際成員對弈的誘惑，WuChess聲稱其地位很快就會竄升。但早期的報導批評該網站競賽水準參差不齊，主要是因為用戶基礎相對較小。

而讓事情更棘手的是，迪格斯並未在網站現身下棋，於是用戶開始追問。時間過去了，依然沒有迪格斯的蹤影。奇斯克建議這位嘻哈明星，將下棋任務委託給可充當代理人的朋友，但還是沒有得到回應。迪格斯是忙著其他演出工作而分身乏術，還是可能擔心在公開棋賽中輸掉比賽？

「從我們的角度來說，想不出任何不出現的確切理由，除非，我的意思是說，那是最可能的情況，所以大概是這樣吧。但真的是嗎？我其實不知道。」奇斯克說。

這個網站最後漸漸被淡忘，而奇斯克則遭了殃；迪格斯只是損失了他沒有付出代價的股權。在被問到發生了什麼事，數位鮑比給了略為不同的解釋：「我這邊出了些不太好的狀況。我只記得我的陣營裡有人做了很蠢的事，這實在令人尷尬。」

奇斯克和同事最後將ChessPark賣給Chess.com，金額不算高。「那是人人都會選擇的結局之一。」奇斯克說。最終他學到一課，對於期望與名人做生意的創業家和創投業者，證明有寶貴的價值：「千萬要確定在合約裡寫清楚，萬一他們沒有做到應該做的事，就不會拿到報酬。」

另一方面，迪格斯也體會到演藝人員在投資新創公司時，可能出現的問題。他說：「當這兩個宇宙跨界整合時，兩邊的人也要能夠跨界整合。」

這聽起來，還真是超級隨便的

A級投資公司的投資一開始規模相對較小，支票金額在5萬美元到10萬美元之間。隨著基金績效愈來愈好，創辦人下的注也愈來愈大，因此大部分的投資都需要公司進行相當程度的盡職調查；其他的則靠「一見鍾情」，至少對歐希瑞而言如此。

「當艾希頓介紹Airbnb給我時，我做了所有不應該做的事。那種感覺就像是，『好吧，我會將我在世上的每一塊錢都投進這家公司。』」他回想。

那也是歐希瑞多年前第一次看到謬思合唱團表演的感覺。謬思一路從倫敦飛往洛杉磯試鏡，為的是進入歐希瑞的Maverick唱片公司候選名單。他在該樂團演唱完一首歌後就讓他們停下，他知道自己會立刻簽下這個團體——該樂團後來贏得好幾座葛萊美獎，全球唱片銷售超過2000萬張。

當得知Airbnb時，庫奇比歐希瑞更謹慎，雖然他是提出這項交易計畫的人。「等等，要讓陌生人進到自己家，然後讓對方住下來？而且還把家裡的鑰匙交給他們？交給不認識的人？這聽起來，還真是超級隨便的。」他記得當時心中這樣想。

「當開始研究這家公司是如何在網路中建立信任，就漸漸覺得這商業模式有些合理了。之後等開始研究使用案例以及成長速度、取得成本和顧客終身價值（Lifetime Value），我的思考也開始改變：『嗯，聽起來沒有原本以為的那麼隨便。』而且其實如果想法不夠瘋狂，那也無法讓人覺得創新了。」庫奇說。

歐希瑞記得自己打電話給他的業務經理，對方從他17歲剛入行、還是新人的時候就跟著他，了解他能合理可靠投資的最大限度。沒多久，他就和庫奇搭上飛機；他們企圖說服Airbnb的共同創辦人布萊恩・切斯基（Brian Chesky）——

這位羅德島設計學院畢業生，即將成為億萬富翁——讓他們成為該公司下一輪的主要投資人。但Airbnb的A輪融資卻選擇了紅杉資本及格雷洛克風險投資公司，B輪則選擇安霍創投。不過，切斯基很欣賞庫奇和歐希瑞的熱情，於是在2011年時便邀請他們投資了250萬美元。

庫奇再次展現名氣的另一個好處。如果只是其他天使投資人或創投業者出現，企圖在那一輪加入Airbnb，這家新創公司大概會拒絕他們。但明星光環加上過去的投資成績，為庫奇進入矽谷最知名的成功故事之一，奠定基礎。

庫奇很快就拿出實際行動表現，足跡遍及全球。他跟著切斯基前往亞洲，試圖協助在日本推出這項服務。他在該公司網站發布部落格文章，提到他在洛杉磯最流連忘返的地方。他和歐希瑞與該公司行銷團隊坐下來檢視宣傳策略。此外，在Airbnb擴展到海外市場時，歐希瑞也發揮重要作用，協助公司維持與眾不同的特色。

切斯基的新創公司吸引力，主要在於一種奇特多變、如家一般親切的精神，說服房東將他們的居所交付給陌生人；而疲憊的旅人則可在空無一人的公寓中，感受到賓至如歸。這種氛圍也延伸到Airbnb的辦公室設計中，該公司經常以乒乓球賽及午休瑜伽為號召。切斯基說道：「畢卡索曾說：『我花了四年才畫得像拉斐爾，但花了一輩子才畫得像個孩子。』所以我想，生活和思想必須永遠像個孩子；或者要保有如孩童般的好奇和奇想。」

來自德國的山寨大軍

當歐希瑞警告，Airbnb很快就會遭到唯利是圖的大軍攻擊，有如大批半獸人襲擊哈比人村莊一般地突襲這家別出心裁的新創公司時，切斯基聽進去了。而這支大軍，就是桑威爾三兄弟（Samwers），他們在柏林一個沒有空調的工廠，指揮二十多家德國公司「山寨」美國新創公司，吞噬這些美國公司的歐洲業務後，再賣給更大的企業，然後轉進下個目標。他們成功施展這個策略對付Facebook、Twitter、Yelp以及酷朋，將複製品賣出後賺得數十億美元，且毫無愧疚之意。桑威爾三兄弟的座右銘是：「汽車不是BMW發明的。」

歐希瑞談起桑威爾兄弟：「我在多年前曾邀請他們去看瑪丹娜在柏林的演出，所以早就認識他們。我看過他們的報導，所以想加以結識。我不管到什麼地方，總會去拜訪我看過報導且想認識的人，並邀請他們去看演唱會，跟對方相處一些時間。」

因此，當桑威爾三兄弟複製Airbnb並提議合併後，其實並不算是一個友好的提議。切斯基為此感到痛苦掙扎，他擔心會因此受騙而妨礙到公司的歐洲成長，或者可能要犧牲Airbnb引以為傲的企業文化，才能加速其成長。於是，歐希瑞指點他找另一條德國門路：創業家奧利佛・榮格（Oliver Jung），他比較願意從Airbnb的觀點看事情，特別是在他初次造訪該公司的舊金山辦公室後。

「我記得那裡好像只有30個人，人人看起來都很輕鬆悠哉。有個人帶了一隻狗，那天是牠的生日，大家還為了那隻狗慶生。」榮格說。

切斯基讓榮格感到愜意與自在，並提出由他出任國際業務主管的職務，以及投資Airbnb的機會，還告訴他這可能是他一生中做過最好的交易。結果，從米蘭到莫斯科，榮格都幫Airbnb設立了分公司，隨身攜帶切斯基的「辦公室套裝」組，其中包括攜帶式乒乓球桌和一本蘇斯博士（Dr. Seuss）的書：《你要前往的地方》（*Oh, the Places You'll Go!*）。

Airbnb最後比桑威爾三兄弟的複製品維持得更久，有部分原因就像榮格的一位新聘人才所說的：「這家企業有靈魂。」如果不是因為歐希瑞的引介，故事的結局或許將截然不同。「我們為別人做的事，其實很多都並不明顯。我們只是善用了自己的人際關係與有幸結識的諸多能人，然後試圖將這些引進我們所從事的工作。」歐希瑞說。

這兩人，十分敏銳

歐希瑞與庫奇截至2012年為A級投資公司籌措到3000萬

美元，來源名單令人印象深刻，包括媒體大亨大衛．格芬（David Geffen）及NBA達拉斯獨行俠隊老闆馬克．庫班（Mark Cuban）。為什麼這兩人會願意投資？「他們兩人對於捕捉消費者的思維十分敏銳。」庫班這樣對我談起庫奇和歐希瑞。格芬則補充說：「科技新創公司有的成功、有的不成功，而我相信這些人的成功機會更大。」

事實證明，格芬選擇信任他們是對的。A級投資公司早期加入Uber、沃比．帕克（Warby Parker）、Spotify等許多公司。到了2016年，A級投資公司光是在Airbnb的250萬美元投資，就已大幅激增至9000萬美元回報，讓公司的基金規模增加到2.5億美元，報酬率將近八．五倍。就像庫奇所說的，A級投資公司的許多投資人投入資金，有可能主要是為了加入現有的投資組合，而不是盲目地相信庫奇與歐希瑞未來能成功擊出一支全壘打。

「當那些人投入金錢，他們其實是在投資已經知道的資產。他們看得出現有投資組合有優勢，而且進入那個投資組合的門路並非唾手可得……無論他們是押注在我們身上，還是押注在投資組合，這都已占有優勢且可變現獲利。我們很清楚地知道這點。」庫奇為這場在歐希瑞的比佛利山莊家中進行的訪談總結。

「艾希頓不管做什麼事都會成功，不光只是一位出色演員，他也有可能成為奇異公司的傑出高階主管，或Facebook

裡的明星員工，如果他想的話。我認為這些人都是才華洋溢的人，並非只因為他們是藝人，而是他們真的了解商業是什麼。」亞諾佛說。

就像Airbnb對庫奇與歐希瑞來說是一次重大成功，他們對Uber的投資，也證明了同樣令人讚嘆，而且很快地，一大群好萊塢乘客，也將踏上這趟旅程。

Chapter 5

女神卡卡
與
Google

2010年蘋果決定推出如今已經廢止的社群網路服務Ping，史蒂夫・賈伯斯找上一個意想不到的雙人組做非正式的諮詢：女神卡卡，與她當時的經紀人特洛伊・卡特。賈伯斯邀請他們到蘋果位於加州庫比蒂諾市的總部，看看產品並提供意見回饋。

這是個難以想像的搭檔組合：卡特是位30多歲的高級主管，骨架瘦削有如少年，長年戴著時髦的方框眼鏡，讓外表看起來增加了1、20歲；賈伯斯是出了名地喜歡藍色牛仔褲和黑色高領毛衣；至於女神卡卡，最為人知的就是出席重要場合時會套上一件外衣，從巨型的半透明蛋殼到以肉做成的服裝等。只不過在這一天，賈伯斯的設計鑑賞力，才是主要吸引人的地方。

「你們看到那張桌子了吧？」這位蘋果大老闆領著女神卡卡和卡特進入一間會議室後問。他指著桌上六個排成一排的東西，包括iPhone、iMac以及iPod，「那就是我們公司的全部。我們製作的每一項產品，就在那張桌子上。不要從規模來看事情，仔細體會簡潔單純的美好；體會如何真正把一個產品做對，或者把幾樣產品做對。」

賈伯斯的忠言，卡特牢記在心。

「這是非常寶貴的一課。未必要有一百萬個產品才算成功，專注才是最重要的。」一個冬日午後，卡特在電話中跟我說。

卡特在自己的事業生涯中謹記賈伯斯的良言，尤其留意自己在Uber、Lyft、Spotify以及其他幾家公司的投資。女神卡卡也一樣：儘管截至本書付梓時，她的職業生涯總共僅發行四張個人專輯[1]，卻已是全球最受歡迎的明星之一，除了要歸因於每張專輯所帶動的巨大迴響之外，她能借助在其職涯初期所誕生的科技平台以擴大影響力也是原因之一。

雖然庫奇是第一位Twitter追隨者達到100萬追隨者的人，女神卡卡和小賈斯汀卻很快就各自在所有平台累積超過1億追隨者，為他們及他們善用科技的經紀人打開重要門戶。

「社群媒體以及科技時代的妙處，就是我們能夠不依靠傳統媒體、經銷商以及守門人。我們發現很多科技公司自身

1　2020年5月發行第五張個人專輯《神采》（*Chromatica*）。

就成了守門人。而我們的想法是，『如何建立一個可自行接觸到這些受眾的平台？』」卡特說。

這個創投家，曾經也有歌手夢

對卡特來說，與賈伯斯同席是一段奇異旅程的關鍵時刻。這段旅程始於費城西南方，最後成就了一個豐盛的創投業者生涯——尤其是一位身處在一個由「老白男」所主宰的世界中，少數的年輕黑人創投業者——這全都源自他早年投身饒舌歌手事業，卻嘗到失敗。「我身無分文，連一輛車都沒有，更沒有錢可以投資。」他說。

卡特在青少年時期開始嘻哈之旅，他和兩個朋友組成一個三人團體（卡特說：「我們的團名叫『2 Too Many』，因為我們的錢向來只夠其中一個人用。」）他們決定在DJ爵士．傑夫（Jazzy Jeff）及影星威爾．史密斯（Will Smith）每周常去的費城一家錄音室外徘徊，希望偶遇他們的偶像。

有一天，他們終於遇到了，他們在播放唱片樣本之後，透過史密斯的製作公司簽下一紙35000美元的唱片合約，在Jive唱片公司發行他們的專輯。卡特直接去了一家汽車經銷商，買了一輛手排奧迪（Audi）汽車，幾個星期就燒光了他拿到的預付金。雪上加霜的是，「2 Too Many」的處女作專輯《*Chillin' Like a Smut Villain*》一敗塗地。

「我們發現……我們實在爛透了。」卡特說，他同時領悟了更重要的事。「比起其他任何事，甚至比起音樂，傑夫和威爾更尊重我們的拚勁。」

除了在麥當勞及漢堡王做兼職之外，卡特還承接個人助理工作——先是DJ爵士．傑夫的個人助理；之後是替傑夫與威爾．史密斯的經紀人詹姆斯．拉斯特（James Lassiter，如今是事業夥伴）當助理。他處理後者的電話，幫忙聯繫聯絡人並接聽電話和留言。拉斯特的住所離卡特兒時的家有八個街區，他讓年輕的卡特感到驚奇的是，自己竟能和錄音室及唱片公司的負責人平起平坐；而且他還給了卡特一個機會，了解高階主管在娛樂界如何做人處事。

卡特後來開始兼職負責宣傳從武當幫到聲名狼藉先生（Notorious B.I.G.）等嘻哈歌手的演唱會。1990年代中期的一個晚上，他為聲名狼藉先生預定在費城市政中心舉辦一場演唱會，但這位饒舌歌手卻突然取消當晚的演出。這件事導致他與聲名狼藉先生的經紀人起了爭執，後來演變成與壞小子唱片公司（Bad Boy Records）負責人、當時才20多歲的吹牛老爹之間的口水戰。後來卡特努力說服該唱片公司退還聲名狼藉先生的演出費用，並給他一個實習生的工作機會，讓他能對演藝事業有更多了解。

「吹牛老爹是那種可以在派對狂歡至凌晨三點，依然是第一個到辦公室的人。那確實讓我很有共鳴。就是要有這種狂熱的職業道德，還要能和街頭的人打交道，以及應付所有企業夥伴。」卡特說。

在壞小子唱片公司工作一段時間後，卡特搬到洛杉磯為拉斯特工作。他沒有車，因此開始以公司的計程車服務代步——包括工作上的需要，以及探訪一位和他往來密切的女子。等到拉斯特發現時，他立刻解雇卡特，於是卡特又搬回費城。

幫女神卡卡製造網路社群聲量

卡特重新振作，並於2001年與NBA傳奇球星J博士（Julius Erving）之子朱爾斯．厄文（Jules Erving）合作創立經紀公司，承接的客戶包括嘻哈女歌手夏娃（Eve）和演員伊卓瑞斯．艾巴（Idris Elba）。三年後，聖堂集團（Sanctuary Group）——一家規模更大的經紀公司，領導階層包括馬修．諾利斯（Matthew Knowles，碧昂絲的父親）——併吞了卡特的公司。然而兩家公司的文化有所扞格，於是到了2007年，卡特丟了工作，他和妻子隨即也差點沒了房子。後來，卡特接到一通老朋友打來的電話，對方希望他去見一位簽約給新視鏡唱片公司（Interscope Records）的客戶：史蒂芬妮．潔瑪諾塔（Stefani Germanotta）。不久後，這位歌手更為人所知的名字是：女神卡卡。

卡特回憶道：「她戴著一副大太陽眼鏡走進來，穿著網眼襪，表演一首又一首熱門歌曲。我最喜歡她的地方，是她彷彿從另一個星球降臨，而她主宰一切。」

他同意擔任她的經紀人，並在洛杉磯的卡爾弗城一帶，創立一家叫原子工廠（Atom Factory）的新公司來處理他的經紀事業。女神卡卡的第一支單曲〈舞力全開〉（Just Dance）在2008年4月發行時，並未立刻在主流廣播電台竄紅，於是他為女神卡卡用上「吹牛老爹式的行程表」，有時一天安排高達四場演出。為進一步擴大影響力，女神卡卡開始使用Twitter、Facebook與YouTube做宣傳。

大部分唱片公司在Napster事件後，對以科技為基礎的平台依然心存懷疑，但卡特認為社群媒體是接觸大量受眾的便宜方法，他甚至帶女神卡卡去Twitter的總部。而5月在YouTube推出女神卡卡的〈舞力全開〉音樂錄影帶後，這首歌迅速爬上金曲排行榜，且在二十二周後榮登榜首，最終獲得超過2.5億觀看次數。

「她老說自己相當害羞，而這樣的方法確實讓她得以成功發聲。」當時在Twitter任職的創投業者艾爾曼說，他還記得有一些相繼名人出現在辦公室，目的是想來了解這個日趨重要的平台，「肯伊·威斯特（Kanye West）穿過辦公室，隨興演唱了一小段，說這是他第一次有機會直接對他的粉絲說話，真正有了表達機會，不必等待採訪或尋找合適的節目。他可以想到什麼，就說什麼。」

女神卡卡首張專輯《超人氣》（*The Fame*），全球賣出大約1500萬張，而卡特看出她日益增加的社交追隨者，有機會用在宣傳推廣以外的地方。他藉由與新視鏡唱片公司合作，在影片中放上長長的品牌清單，幫她的歌曲〈電話〉（Telephone）的音樂錄影帶籌募資金，並找來碧昂絲跨刀演出。在一組鏡頭中，女神卡卡餵給餐廳客人一批塗上「奇妙醬」（Miracle Whip，該公司確認核准的付費置入）的摻毒三明治；另一組鏡頭中，她使用維珍電信（Virgin Mobile，她的巡迴演出贊助商）的行動電話以及Beats耳機（她的Heartbeats聯名款）。

根據我的估算，女神卡卡在2010年賺了6200萬美元；2011年又賺進9000萬美元，而卡特的銀行帳戶因為八位數的經紀分潤而猛然迅速膨脹。終於荷包滿滿了，他卻依然擔心萬一現金不再流入怎麼辦——永遠都有這個可能，因為娛樂圈和演藝人員一樣總是飄忽無常。因此當蓋伊・歐希瑞指點他機會，投資一家叫Tinychat的聊天網站新創公司，卡特立刻採取行動，迅速將原子工廠的任務重新定位，在藝人經紀之外，還包括新創公司投資。隨後，他投入一筆資金到眼鏡新創公司沃比・帕克。

「很少人比卡特更了解資訊傳播的方式，與趨勢的開端。」沃比・帕克執行長尼爾・布魯蒙索（Neil Blumenthal）

說。或者以艾爾曼的說法：「卡特很早就與這些公司建立關係，而且真的努力了解如何讓他旗下的藝人運用，擴展他們自身的影響力。」

或許最重要的是，羅恩・康威幫卡特取得在矽谷的影響力。卡特花了大半天的時間，坐在這位天使投資人的舊金山公寓中，在筆記本上記下如何建立自己的投資策略。康威的策略是經營一個精明的朋友圈，讓彼此投入有意思的交易計畫，這種策略在卡特看來合理且有意義，特別是當他的北加州圈子逐漸擴大。

「做藝人經紀的人脈網，相當自然地契合年輕創辦人渴望的一些需求……在業務發展、行銷、品牌支援等方面。這些年來與明星合作的經驗，可轉移到我與創辦人合作的面向上。」卡特說。

為什麼一個青少年，會開始投資？

2012年，當時可算是全球最知名的流行明星小賈斯汀才17歲，我以他寫了《富比世》的封面故事，標題是令人意想不到的〈創投家小賈斯汀〉。但是當我們在好萊塢一家錄音工作室坐下來訪談時，開啟問題的卻是這位歌手，而不是我這位記者。

「你看過泰勒絲（Taylor Swift）那集的《惡整名人》

嗎？」他問，指的是有一集他慫恿這位超級巨星，跟他一起在馬里布寫歌，他說服泰勒絲燃放煙火，結果讓一艘正在舉行海上婚禮的船著火。「她說：『我恨你！』」

《惡整名人》節目是小賈斯汀企圖模仿庫奇的其中一個方式。他的經紀人史庫特·布勞恩從派對承辦人躋身超級經紀人，2008年在YouTube上發掘小賈斯汀，並引領他快速走紅；在經紀人的協助下，小賈斯汀累積許多科技公司的股份。小賈斯汀在我開始問問題時，坐到鍵盤樂器後的一張椅子上。我的提問中最重要的一個問題是：一個出身加拿大中部、居民三萬多人的無名小村莊的青少年，為什麼會突然開始投資新創公司？

「科技對我來說很有趣。」他一邊說著，一邊在身邊的鼓機上敲出節拍，「我一直在尋找喜歡的新應用程式，安裝到我的iPhone和iPad上。」

嘣。嘣—嘣，嚓。嘣。嘣—嘣，嚓。

「但我不會投資我不喜歡的東西。我必須相信產品的價值。」

嗶——咘，咘，咘，嗶——咘，咘，咘，。

「我每個星期都會了解一下事業的近況，並學習與事業相關且必須知道的事。」他繼續說，焦點明顯還是放在攻擊我們耳膜的樂曲上，「我快要18歲了，必須負起責任。」

鏘。鏗鏘，噹，鏗鏘，噹—噹。

「而且，我可以告訴史庫特，年輕人喜歡什麼。」

布勞恩贊同。「他給我看Instagram，在此之前我都不知道那是什麼。」這位經紀人談起他旗下這位少年藝人。

小賈斯汀和年輕人建立關係的方式，是比他大上12歲半的布勞恩做不到的，但後者對自己的年齡層卻相當了解——2004年時，他打算在一個當時稱為Facebook.com的新興社群網站進行天使投資。他寫了電子郵件給馬克・祖克柏，對方的聯絡資訊就列在網站上，結果卻被回絕了；因為Facebook創辦人當時並不追求資本。布勞恩要是當時就獲邀投入這家新創公司，就算是只有五位數的金額，早在多年前就成為一個億萬富翁了。

布勞恩發現一個頗有價值的安慰獎：引導小賈斯汀在2000年代末期登上流行文化頂端。到了2012年，小賈斯汀就以4300萬Facebook粉絲，成為社群媒體上的指標人物，他的粉絲數比那年的總統候選人：米特・羅姆尼（Mitt Romney）與巴拉克・歐巴馬（Barack Obama）兩人所加總的粉絲數還多。他在Twitter也有2100萬追隨者，是地球上除了女神卡卡之外最多的，而且有些人認為，是他協助建立這個微網誌網站的。艾爾曼記得，他的同事就在辦公室牆上釘了一張小賈斯汀的海報。

「老實說，那是因為他在Twitter上非常受歡迎，而且他的粉絲非常狂熱。當然，我不是說，他是我們公司成長的原因。身為員工，可以目睹名人利用我們的產品是滿酷的，但我們在創造的東西，大多與名人無關。」艾爾曼說。

布勞恩的看法不同，且他準備要大加利用。從小賈斯汀身上，他發現的不但是一代流行樂巨星，還有在他的年紀還不到租車需要多付錢之前[2]，就能賺進數億美元；且他更是一個會行走的通關碼，可讓他們兩人進入好萊塢與矽谷的獨家交易。布勞恩充分利用這些機會，從2009年起建立自己的王國。他善加利用像小賈斯汀這樣的明星，透過在社群媒體與粉絲直接溝通而擁有的新力量。

「有史以來第一次，藝人本身就是自己的網路。在我成長的時代，藝人的消息動態若沒有在廣播電台上更新，你就不會知道，然後這個藝人也將不復存在。如今小賈斯汀和女神卡卡每天都可以跟幾百萬的粉絲互動對談……我們絕對不會錯過運用Twitter或Facebook的力量。」布勞恩說。

投資需要知名度的公司

在我採訪布勞恩和小賈斯汀時，這兩人已擁有大約十多家公司的股份。這對搭檔通常是跟隨經驗比較豐富的投資人——如投資社群策展應用程式Stamped，與谷歌風險投資

2　美國法律規定，年齡在21至24歲間，駕駛會被酌收「青年駕駛費用」。

公司（Google Ventures）及貝恩資本（Bain Capital）合作；或和娛樂界的同行：投資Tinychat時，他們是參加歐希瑞、庫奇以及卡特的150萬美元那一輪。他們還盡量將焦點集中在有慈善誘因的資產所有權，如艾倫·狄珍妮（小賈斯汀上過她的節目許多次）便告訴了他們Sojo Studios這家公司。這家社群遊戲公司創造一個類似開心農場（FarmVille）的應用程式，名為WeTopia，玩家賺取的虛擬點數可轉換為現實的慈善捐款。

在這些例子中，布勞恩和小賈斯汀大多遵循歐希瑞與庫奇的劇本：針對迫切需要知名度的新創公司，投資五位數中段到六位數出頭的金額，然後利用名氣換取通常只有高成就的矽谷投資者，才有辦法接觸到的私營公司投資機會。這對他們來說是不錯的交易，但對那些還無法引起有幾十億可揮霍的投資巨擘，如紅杉資本及格雷洛克風險投資公司之流注意的新創公司企業家來說，或許是更好的條件。

好萊塢與矽谷之間的交通，在2010年代初期愈來愈擁塞，投資風格的差異也愈來愈明顯。雖然一些新創公司依然堅持，所有投資人都要有切身利益，其他公司卻是以免費股票的承諾來誘惑名人——稱之為「顧問股」（advisory shares）或「血汗股權」（sweat equity），後者代表參與的程度高於前者。一家以發出少量股權知名的新創公司：Viddy，一款號稱「影片版Instagram」的應用程式，引進小賈斯汀、威爾·史密斯以及Jay-Z為小股東，很快便累積到5000萬用戶。

該公司創辦人體認到，明星帶來一種相對便宜的大眾宣傳方式。小賈斯汀在Facebook上的一篇貼文，可能無法完全觸及他的4300萬追隨者，但即使僅有1%追隨者看到他有關Viddy的貼文，只要其中5%下載這個應用程式，那就有超過2萬的新用戶了。隨著用戶獲取成本達到每個顧客10美元，以及在金·卡戴珊（Kim Kardashian）的Instagram提及品牌的價格飆漲到30萬美元，小賈斯汀的一篇貼文，在公開市場的價值可能達數十萬美元—— 這無疑值得贈與一小部分股份。而小賈斯汀，也是眾多願意做這種交易的明星之一。

「我不知道Twitter、Facebook或這些東西十年後會發展到什麼地步，可能會有更好的新事物，誰也不知道。我一直—— 以及史庫特一直以來—— 在努力尋找下一個好東西。」小賈斯汀對我說。

至於布勞恩，依然為錯過早期投資Facebook而難受，也惱怒小賈斯汀沒有從Instagram得到回報，只除了保證會有一大筆金額，但Viddy在他看來似乎相當有吸引力—— 如果價格合適的話。

「如果我們說，他只會當個沉默的投資人，而且不會有人知道，那我們就不會要求特殊待遇；但如果我們來了並放上他的名字，還有他的個人品牌、受歡迎程度以及他的社群影響力，那我們就會努力為這些價值提出適當報酬。」布勞恩說。

儘管Viddy早早做出承諾，但Facebook演算法的改變還是挖走了它的流量；Instagram本身成了觀看影片和瀏覽照片的終點。Viddy在2014年以區區2000萬美元賣給一家名叫Fullscreen的公司——遠不及早期股東夢想的九位、十位數，且在那年年底就關門大吉。

布勞恩、小賈斯汀以及他們的同行領悟到，提供免費股權的公司，未必都是最好的選擇。Tinychat是另一個例子：儘管小賈斯汀大力幫忙宣傳，這家新創公司始終沒能成為下個重要的通訊應用程式。而在公司不免費給股權的情況下，對實際花錢買股份的股東來說，最後的結果是相當大的災難。

「最初的印象是，『哇，投資早期階段的科技公司，這是多麼好的機會啊。』不過那是個很好的學習經驗，但不是筆很好的投資。」卡特說。

幫忙增用戶，也是幫自己累積財富

對於協助創立Facebook、Twitter等平台的科技人來說，娛樂界人士似乎因社群媒體的出現而獲得許多，即使他們並未擁有這些新進產業的核心業者股份。

「真正在那個年代崛起的明星，確實能以自己可控的方式，在直接管道建立受眾，為自己創造大量價值。這些早期科技產品有很多得以成長茁壯，並且發展到非常大的規模，就只因為它們是優異的科技。」艾爾曼說。

許多有創造力的名人則有其他想法。除了波諾和他的早期Facebook投資，明星們都覺得他們普遍錯過了機會，沒有在消費及分享自己作品的平台占得股份。2011年，女神卡卡憑藉卡特的幫助，決心要改變這點。

「我們經歷過一個階段，特別是在Facebook和Twitter真正開始日漸受歡迎時，也就是以這種直接方式能夠接觸到粉絲和社群，這是我們這行以前從未見過的規模。後來，等我們在這些平台投入一段時間後才了解到，無論什麼時候，這些公司都可以改變演算法，並因為能夠接觸到粉絲而開始向你收費；然而，那些粉絲卻是你帶到平台來的。」卡特說。

女神卡卡的解決方案叫Backplane。這家新創公司是以連接電腦電路的背板命名，最初是為她的百萬粉絲網站LittleMonsters.com建立基礎，目的是利用這個樣板為其他品牌建立社群網路。喬・隆斯戴爾（Joe Lonsdale）參與經營Backplan，他先前曾與Facebook投資者彼得・提爾（Peter Thiel）共同創立大型數據公司Palantir。矽谷巨頭包括谷歌風險投資公司、紅杉資本、門羅風險投資公司（Menlo Ventures）、格雷洛克風險投資公司以及康威的矽谷天使投資公司（SV Angel），蜂擁加入1210萬美元的A輪融資，給該公司的估值是4000萬美元（由於有保密協議，卡特不能對他或女神卡卡的財務參與狀況發表意見，但他們似乎因身為Backplane創辦人而獲得股權）。

隨著卡特的人脈圈擴大，他的投資機會也跟著增加，得以將投資組合分散化。Facebook是Zimride的早期投資者之一，卡特也因與這家社群網路巨擘的關係，而有機會在該公司變成Lyft之前早期加入。之後他認識了一位伊朗裔美籍投資者薛文・皮西瓦（Shervin Pishevar），邀請他投資另一個共乘應用程式：Uber，由洛杉磯本地人、因Scour.net而聲名狼藉的崔維斯・卡拉尼克共同創辦。卡拉尼克將新公司設計成時髦優雅的豪華轎車隨選應用程式，這樣的血統讓它後來與舉步維艱的對手Lyft有所區別。Uber和娛樂業界還有其他聯繫：那就是它的名稱，是卡拉尼克從環球音樂集團（Universal Music Group）買來的。[3]

皮西瓦踏上運輸業最尖端的旅程，可追溯到他的父親；他的父親和家人逃離伊朗後，就在美國開計程車。「我基本

3　作者註：環球音樂集團在2000年代初期曾投資部落格平台Uber.com。幾年後，舊金山管理機構因顧及市政府批准可在街頭招呼載客的司機，要求卡拉尼克的公司停止以計程車公司進行宣傳行銷，卡拉尼克因而與當局有了爭執，之後便決定將他的新創公司名稱UberCab縮短。但因現金捉襟見肘，他用股權交換，向環球音樂買下這個網域名稱。他交出的2%Uber股權，後來價值超過10億美元，但環球音樂早就以非常平價的金額賣掉股份。

上是在計程車上長大的。」年輕的皮西瓦說，他到美國時還小，不太會說英語。等他被納入一個針對天資過人的優等生方案，他的教育才獲得提升；中學時，他靠著一個遏制感染瘧疾的紅血球細胞課題，贏得一次科展。從柏克萊大學畢業後，他在網路熱潮時創立幾家公司，其中一家以1.18億美元賣給印刷公司Vistaprint。在第一次失敗之後，他在「門羅風險投資公司」找到工作，並引導公司做出獲利豐厚的投資，包括沃比．帕克及微型部落格Tumblr等。

到了2011年9月，Uber的9000個舊金山用戶，每月創造900萬美元的車費，但要擴張到其他城市得籌募千萬美元。皮西瓦的公司與安霍創投都迫切想要主導這一輪，而卡拉尼克最初看好後者，因為安霍創投是出名了對創業家友善。就在這場交易似乎成定局時，皮西瓦就募資的事恭喜卡拉尼克，並說萬一落空了，他很樂意候補。在那之後不久，安霍創投據說要求撥出更大量的股份留待將來聘用人才，過程中將建議估值從3億美元降到2.2億美元。

正在愛爾蘭參加科技研討會的卡拉尼克，打電話給在突尼西亞演說的皮西瓦。皮西瓦回憶道：「他問：『嘿，你之前說的話是不是還有效？』我說：『當然！』於是我搭了下一班飛機去見他。我非常慶幸自己接了那通電話。我的座右銘向來是：儘管搭上飛機。」

這兩人花了一晚在都柏林的鵝卵石街道漫步，卡拉尼克第一次告訴皮西瓦，他想做的不只是計程車業務，還想徹底挑戰「擁有汽車」這個概念。

皮西瓦那一夜後來寫了一份投資條件書，給Uber估值2.9億美元，並傳簡訊給卡拉尼克。

皮西瓦說：「在等待回音時，我幾乎要恐慌症發作，擔心他洩露給其他人，換取更好的條件，於是我又提高出價。但他沒有討價還價，他說：『不用，2.9億就很好了。我們就按這個條件來。』等我接到簡訊，我們敲定交易，並在門羅風險投資公司的支援下，如火如荼地展開工作。」

皮西瓦有個計畫。

隨著他和好萊塢資方的關係更緊密——如卡特，他就更加清楚看出，娛樂圈對矽谷新創公司重燃的興趣，可在Uber的擴張過程中，轉變成非常有成本效益的方法來獲取新用戶。在卡特的協助下，他組織一場後來被稱為「派對輪」（party round）的融資，引進數十位明星和經紀人，目的是增加能見度。

卡特說：「那段時間，洛杉磯大部分的人都沒聽過Uber，因為那在當時就只是盛行於舊金山的黑頭車服務。我能夠介紹皮西瓦給一些經理人、藝人和明星，對於填補Uber當時的洛杉磯輪，相當有幫助。」

很明顯地，投資Uber的機會，讓那些覺得錯過擁有與自身事業直接相關的新創公司的娛樂界人士，有機會利用自己的名氣，換取另一個雖不相關、但有價值的資產。2012年，Uber在一個以車庫重新裝修的場地SmogShoppe舉辦一場盛大聚會，宣布在洛杉磯登場；出席的名人投資者包括庫奇、愛德華．諾頓（Edward Norton）以及奧莉薇亞．穆恩（Olivia Munn）。諾頓是洛杉磯最早使用搭乘服務的人之一，而Uber肯定會在部落格文章中廣為宣傳。

這些演藝界名流都紛紛開出支票，大部分落在五、六位數，加入從小甜甜布蘭妮（Britney Spears）到傑瑞德．雷托的行列（雷托已投資過數十家新創公司，包括零手續費網路券商「羅賓漢」以及冥想應用程式Headspace）。雖然沒有免費的股權，但這些娛樂界人士按照Uber前一輪的一般投資人資格加入，代表他們簽字投資的那一刻，就有可觀的未實現利得。到了2016年，他們所擁有的股份價值，是當初付出成本的二十倍。

庫奇和歐希瑞其實先前就投資Uber，那是在庫奇說服歐希瑞和柏考，將A級投資公司的部分資金，投入一檔由億萬富豪克里斯．薩卡操作的基金之後。薩卡曾是卡拉尼克的密友，住在洛杉磯，喜歡刺繡禮服襯衫，因為讓他能看起來更像個前去參加方塊舞的牛仔，而不像事業有成的創投家（他在那之後就從投資行業引退）。薩卡是在Uber估值不到1000萬美元時入股，A級投資公司由此也跟著分了一杯羹。庫奇和薩卡一樣，發現Uber不僅是要對上破爛差勁的黃色計程車，更要挑戰「購買汽車」這個概念。

庫奇說：「我記得我們第一次聽說Uber時，我的反應是：『大家都想搭乘豪華轎車？真的嗎？』然後我開始發現網路效應和即時性的力量，所以我領悟到這家公司實際的對手並非禮車公司，甚至也不是計程車公司。一旦這家公司站穩腳跟，其潛藏的意義就是：何必自己擁有一部車？」

薩卡也出力幫Uber招攬名人投資者，包括那些無法開出七位數支票的人，如演員蘇菲亞・布希。她當時最出名的事蹟，是在電視劇《籃球的天空》（*One Tree Hill*）擔任主角，她開出的金額是五位數出頭。「相當低。」布希說，她在一年前跟著庫奇、薩卡以及Uber的共同創辦人，在線上美容預約服務StyleSeat進行第一筆新創公司投資。「但他們即將結束一輪募資，情況基本上就是這樣，『我們剩下的就是這些，有那麼多人想投入，你想投資多少？』我本來就想買下更多股份，於是我說：『剩下的我全包了，就這樣吧。感覺像是真的會成就一件大事。』」

娛樂界人士或許錯過擁有大量Facebook和YouTube股份的機會，但在卡特及皮西瓦的幫助下，從布希到Jay-Z等明星——比矽谷傳統投資人類別更五花八門的人員組成——利用他們的名氣，在未來的百億美元公司占得一席之地。「我總是說皮西瓦讓好萊塢人致富，遠比電影或唱片賺得更多。」歐希瑞說。持之以恆而成為新創公司投資常客的布希則補充：

「不騙你，我內心有部分真希望我開出的支票，有80%是開給Uber的。」

畢卡索會給自己的畫做測試嗎？

大約在參觀蘋果公司一年後，卡特與Google接觸，打算在這家科技巨擘計畫推出音樂串流服務Google Play前，帶女神卡卡前去該公司辦公室會面。卡特希望了解Google正在發展的項目，以及有沒有進一步的合作機會。

Google的共同創辦人之一賴利．佩吉（Larry Page）見了卡特與卡卡；2012年離開Google，後來轉戰雅虎的瑪麗莎．梅爾（Marissa Mayer）也見了他們。梅爾向他們展示Google給其中一項產品進行A/B測試的兩種綠色色調，發現大家點擊其中一種色調的可能性大於另一種。佩吉盛讚這種測試的優點，並問卡卡是否也是這樣。

「畢卡索會給自己的畫做A/B測試嗎？」卡卡回答。

卡特眼前，出現了兩種宇宙。

「我相信純藝術，也相信要讓藝術生動有表現力。另一方面，當你能獲取資訊和數據來判斷什麼能成功、什麼不會，就會顯示出純粹直覺和直接按照正確方向行事的差別。靠直覺行動，對像女神卡卡這樣的藝術家來說效果良好；至於按照數據行事，對於像Google這樣的公司則非常有效。」

卡特回想。

儘管有哲學上的差異，卡特卻能在Google與卡卡之間居中協調過幾次交易，包括該公司的Chrome網路瀏覽器廣告，以及為該公司創投部門協商投資Backplane。但對女神卡卡來說，建立自己的平台，最終證明比為已經地位穩固的巨擘代言背書困難許多：這家公司始終未能普及，最終遭遇和Viddy相同的命運。

「一家科技公司失敗了，我認為這對科技業來說並不特別。看看蘋果，Ping失敗了還是嘗試做社群，我認為關鍵在鍥而不捨的執行力。」卡特在我們的採訪接近尾聲時說，我甚至可從電話裡感覺到他似乎還聳了聳肩。

還可以從另一個觀點來看待這件事：沒有哪個一流藝人，比一流平台更大。當YouTube將Google的估值推升到千億美元，Facebook併購Instagram以確保自身維持在最高地位，內容創作者也得到傳播作品的新方法。但要用自己的努力成果來換得股權，他們大多無能為力。沒錯，「不好笑毋寧死」為威爾．法洛和其他一些人創造了一些財富，但那終歸是小眾。

「藝人只靠一個生產個人內容的平台，會有辦法達到像Facebook一樣的10億用戶嗎？」卡特反問，「這，幾乎是不可能做到的。」

但有一些新創公司和娛樂事業沒有關聯——就像Uber，

卻開始讓許多超級巨星級的娛樂界人士致富。那些人也很快有機會擁有媒體平台，這有部分要感謝另一位巨星天使投資人的努力。

Chapter 6

那斯達克
金錢遊戲

納斯，是那種會親自登門拜訪的投資人。2012年，這位傳奇饒舌歌手到新創公司Rap Genius的總部拜訪創辦人：位於布魯克林濱水區一個倉庫改裝的公寓，就在他度過青春時期的皇后區大橋國宅南方幾英里。在這個嘻哈歌詞網站點擊瀏覽幾分鐘後，納斯就被深深吸引了。「這將會比Twitter重要。」他如此宣稱，不久後便投資該公司。

該公司於2009年，由三位耶魯畢業生創立——Google的專案經理（也是培訓催眠治療師）伊蘭．澤柯里（Ilan Zechory）、曾在避險基金擔任電腦程式設計師的湯姆．雷曼（Tom Lehman）以及史丹佛法學院校友馬博德．莫哈丹（Mahbod Moghadam）。該網站因饒舌歌手肯隆（Cam'ron）一首歌的意思出現爭議後出現，網站原名為Rap Exegesis。創辦人拼湊出一個網站提供群眾外包註解，幾個月後將名稱改為比較容易記憶的Rap Genius。

納斯在投資後不久，成了網站第一位認證藝人，意思是他確實會上Rap Genius，並替自己的歌曲做註解，有時是以影片形式。就像Twitter和Facebook的藍勾勾，這個程序給網站帶來一定程度的合法性，強化該網站是創作者可與粉絲直接聯繫的地方。納斯對於這三人組致力推廣嘻哈文化給予極高評價，畢竟他們的出身背景並不太符合Rap Genius最初吸引的樂迷。「你能提供的未必只有金錢。」納斯告訴我。

對納斯來說，這家公司只是他不斷擴張的投資組合之一部分。從2010年代初期開始，在高瞻遠矚的年輕經紀人安東尼・薩列（Anthony Saleh）協助下，這位紐約皇后區出身的饒舌歌手，累積包括Dropbox、Lyft以及Ring等公司的股份，有的是以天使投資人的身分獲得，有的是透過他與薩列後來成立的皇后橋風險投資公司（QueensBridge Venture Partners）。

就像納斯自己說過的，他很幸運能從與他公司同名的區域——美國最大的國宅區，居民大部分是低收入戶——安然無恙地長大，更不用說還成為獲得多張白金唱片的藝人以及成功創投家。就像他在2001年的歌曲〈破壞與重建〉（Destroy and Rebuild）的歌詞中所述，他成長於「街頭或街角充斥著喪屍、食屍鬼與黑幫／條子，毒販滿腹激憤」的迷宮。以那樣的言詞機敏，納斯在每一場爭奪「誰是最棒的饒舌歌手」的激烈比試中，為自己贏得一席之地。然而他卻仍舊比不上三位嘻哈界財富之王：Jay-Z、吹牛老爹以及德瑞博士，他們都懂得充分利用自己的名氣，各自成立大型公司。

但等到納斯投資Rap Genius後，情況開始改變，當時該公司的名稱已去掉Rap，並擴展到對網路上眾多不同類型的歌曲、新聞以及文學作品做註解，只不過焦點依然著重在音樂。「我們認為他們真的有機會建造網際網路的《塔木德》（*Talmud*，猶太教法典），而我們認為這真的是大事一件。」本・霍羅維茲2012年時對我說，那是在他給該公司開出第一張支票後不久。

事實上，若沒有霍羅維茲及其他巨星天使投資人同伴的協助——他們之中有許多人也投資Genius——以及本身是創作者的深厚根基，納斯的投資人身分不可能獲得成功。

本業低迷，用投資翻身

雖然納斯的整個職業生涯都在與逆境對抗，他卻不是從皇后橋社區中，最出人意料地成功破繭而出的人，至少就音樂來說是如此。他的父親歐魯・達拉（Olu Dara），因為演奏短號（一種類似喇叭的樂器）而頗有名氣；達拉還擔任歌手和吉他手，多年來遊走在許多藍調、放克以及爵士樂團中，甚至還曾發行過兩張個人專輯。

納斯雖然早年便沉浸在音樂之中，但在中學時期卻對科技產生興趣，當時他被康懋達64電腦（Commodore 64）深深吸引。「我跟學校的電腦老師伍茲先生學習電腦程式設計。老師跟我們說，這就是未來，如果不及早認識，以後會很辛苦。」納斯說。另一方面，他也開始在另一種科技的協助下，鍛鍊自己的饒舌唱功：饒舌樂的標誌——唱片轉盤。

初二輟學的納斯，在1990年代初期簽下第一張唱片合約的那一刻，感覺自己成了個生意人。他的前八張專期都達到白金銷量，包括首張專輯《毀壞機制》（*Illmatic*），許多嘻哈歷史學家依然認為那是有史以來最好的作品。隨著時間過去，納斯預言般地在歌曲中觸及他未來的科技致富，如2001年的〈武裝自己〉（Got Ur Self a Gun）歌詞就寫道：「這是那斯達克金錢遊戲，納斯的嘴巴流暢得就像納斯卡賽車。」（This is Nasdaq dough, in my Nascar with this Nas flow.）

與對手Jay-Z經年累月的互嗆，讓兩位饒舌歌手的事業在2000年代初期顯得精采又有趣，而他們同樣廣為人知的和解也一樣。當Jay-Z執掌「街頭教父唱片公司」（Def Jam），他簽下納斯，並設法引導納斯在2006年繳出第三張排名第一的唱片《嘻哈已死》（*Hip Hop Is Dead*）。

但在納斯的職業生涯多數時間，財務上的成績似乎永遠比不上音樂成就。《嘻哈已死》是他最後一張達到白金唱片成績的作品，而隨著銷售趨緩，他的個人生活與工作也遇到麻煩。他與同是歌手的妻子酷莉絲（Kelis）分手，贍養費和子女扶養費造成財務負擔，國稅局在2009年給納斯祭出260萬美元的財產扣押。[1]

在這一團混亂當中，他與未來《富比世》三十位傑出青年受獎人之一的安東尼・薩列聯手，由薩列擔任他的經紀人。這位年輕人讓納斯的財務狀況穩定下來，引導他接下軒尼詩（Hennessy）和雪碧（Sprite）的數百萬美元代言合約。而在薩列的精明操作下，納斯也有了現金流，可以開始投資新興的科技公司。

薩列說：「為什麼會開始踏上投資之路，主因是我對音樂界的缺乏創新感到十分灰心。我們準備讓自己置身在更聰明的人群中，而真正在這方面能提供助力的人之一，就是特洛伊・卡特。」

薩列到卡特的原子工廠擔任執行副總裁和總經理。他們花了很多時間尋找有前途的新創公司，並與最理想的公司與演藝人士聯手，如納斯。2011年，納斯結識了另一個改變他的職涯的人脈：本・霍羅維茲。

「納斯和本都是極為優秀的人，而我認為兩者之間互動與擦出的火花，將會超出我們的想像。」史帝夫・史陶特

1　作者註：在2018年的一段影片中，納斯的前妻指控他在十年前婚姻關係存在期間，有肢體和情緒傷害的情況，但他否認這些說法，也始終沒有被起訴。

（Steve Stoute）說，他原本是位唱片公司高階主管，後來創立行銷機構Translation，並在一場沙龍晚宴中介紹這兩人認識。「我認為納斯當時甚至沒有意識到，眼前的人是矽谷的領導者之一。」

那晚隨著兩人繼續聊天，納斯和霍羅維茲也因為共同的興趣，尤其是音樂和燒烤，而慢慢了解彼此。「他對嘻哈音樂的知識令我大為震驚。」納斯談到霍羅維茲時說道，「我們那晚不斷來回討論。我想我們的友誼就這樣自然地開始，然後慢慢變得堅固。接下來的事你也知道了，我同時也在試著進入這個圈子（新創公司），那還有比本更好的導師嗎？」

在此同時，又開啟了更多投資機會，有部分是出於美國政府的支援。歐巴馬於2012年簽署《新創公司啟動法案》（Jumpstart Our Business Startups Act，JOBS），這項法令放寬美國一些比較繁瑣複雜的證券法規，目的是要透過一系列條款，刺激對初期階段企業的投資。

有些法規是立即生效，如該法案中的第一條，讓公司可拉長維持私營狀態的時間，或以更低廉的成本公開上市。其他則是稍後才開始生效：第二條是在2013年開始，並移除先前對公開徵求（general solicitation）的限制。這些微幅調整，讓募資者可對合格的投資者——每年收入超過20萬美元、或資產淨值超過100萬美元的人——行銷自己，讓新創公司更容易吸引注意。換句話說，一個原屬於富裕圈內人的專屬空間，變得稍稍沒那麼專屬他們，以及沒那麼圈內。就像資深天使投資人大衛．羅斯所說：「在2012年的JOBS法案頒布之前，私營公司籌募資金的唯一方法，就是不要跟任何人提起。」

這為新一波的資助者打開大門。一些是透過像SeedInvest的募資平台進入，該平台的出現是為了服務合格投資者，充當調查前交易的市場。但許多條件好的交易，依然透過圈內人的人脈關係，讓納斯之類的巨星天使投資人得以接觸到。最有意思的是：投資Rap Genius的機會，對這位饒舌歌手來說，感覺就像是自然演化。

「我們在向前邁進，嘻哈音樂一直都是如此。我總覺得我一直都在等待，等待著這個轉折。」納斯說。

創意萌生的地方

矽谷新創公司加速器Y Combinator之於迅速發展的公司，猶如納斯的大腦之於饒舌歌詞：都是創意萌生的地方，又或者是接近完全成形的東西，在這裡雕琢成精緻的實體後，才發行與問世。

這家新創公司加速器一年兩次，帶領一些幸運的創業家到矽谷。一等安頓下來，他們會花上三個月時間改進任務目標，以及對投資人的宣傳簡報，最後以「展示日」（Demo Day）告終。這個時候，創投公司和天使投資人便登場了，他們將考慮是否和Y Combinator一起投資一系列的新創公司，而Y Combinator一般會給每家公司投入15萬美元。

「我從來都沒有錯過，無論我在做什麼，無論那一年的情況怎樣。到底哪個公司將成為下一個Airbnb或Dropbox，他們有什麼壓箱寶？對此我一直樂此不疲。」蓋伊．歐希瑞說。

總而言之，包括前面提到的Dropbox與Airbnb，這家加速器投資了大約2000家這類型的公司，如今這些公司的價值加總起來號稱超過1000億美元。從Y Combinator畢業的新創公司，相當於取得常春藤盟校學位：只是並不保證什麼，但那是一個有價值的認可戳章。而在創業投資業界，這樣的挑選機制也給這個勞力密集的市場帶來一些效率，因為一般天使投資人在大膽嘗試投入一項交易之前，會拒絕掉40筆交易。

2011年，Rap Genius三人組聯合Y Combinator給該網站補充能量，網路流量迅速增加到每月100萬次。從新創加速器畢業後，Rap Genius引起幾位巨星天使投資人的興趣——以及資金挹注——最初是A級投資公司。澤柯里說：「蓋伊和艾希頓在我心中將永遠占據一個非常特殊的地位。他們的確是最早的天使投資人。如果有人做了那樣的承諾，會讓人感覺好上許多、許多，也更有安全感。」

隨後投資的人還有：特洛伊．卡特。薩列記得他就坐在原子工廠的辦公室，Genius的創辦人走進來對卡特介紹他們的公司，卡特立刻就帶他們去找薩列。「那邊那個傢伙，是納斯的經紀人。他擁有可以改變一切的能力。」卡特說。納斯不敢相信他們短短時間就能有那樣的成績，就只因為藉由註解而從他的音樂中找出新的意義（「大家都有自己的解讀，而他們一一拆解分析我在歌詞中想表達什麼，甚至比我原本的詮釋更好。」納斯在我於2012年為了該網站而採訪他時，這樣對我說）。

這位饒舌歌手和他的經紀人各投資六位數，納斯也收到一些血汗股權。這家新創公司在種子輪籌募到將近200萬美元，而且因有納斯帶頭，Rap Genius收到許多嘻哈藝人為該網站錄製註解的影片，包括勞勃．迪格斯、速可達硬漢（A$AP Rocky）以及五角。澤柯里記得跟五角已故的經紀人克里斯．萊蒂（Chris Lighty）聊過，萊蒂告訴他，因為網站有納斯，才給了五角加入的信心。2012年，同為嘻哈明星的「菲董」菲瑞．威廉斯（Pharrell Williams）透過創投基金投資，說服其合夥人在這家他們原本應該不會考慮的公司投入資金。

信譽的雪球效應

同一年，安霍創投挹注1500萬美元，預見Rap Genius的註解特色還可用在嘻哈歌詞以外的地方（馬克．安德森以前希望在他的網景原始樣本納入類似的特色）。「納斯的信譽有雪球效應。他吸引來的人，不管是音樂圈內人或其他周邊人士，都很優秀。」澤柯里說。

Rap Genius仰賴那樣的信譽，但同時也樹立了來自科技界和娛樂界的敵人，而這些往往是可避免的。這三人企圖建立新創公司壞小子的形象，在他們的布魯克林總部舉辦紙醉金迷的奢靡派對，同時在接受產業專家或主流刊物採訪時，擺出一副奇特的狂妄姿態。他們揚棄新創公司業界千篇一律的牛仔褲加帽T的低調裝扮，反而喜歡浮誇的高幫鞋、色彩豔麗的運動上衣以及戴超大墨鏡（通常在室內也戴）。2013年，參加霍羅維茲家中一場派對的莫哈丹，在自己的個人專頁貼了一張包括馬克．祖克柏在內的與會者照片，而祖克柏後來要求他撤下。他撤下了，但不久就跟一位記者說起這件事，並詛咒和痛罵這位Facebook創辦人：「他可以去舔我的X巴！」（他也曾對巴菲特這樣開砲，導致Rap Genius失去和Jay-Z會面的機會）。

這家新創公司竟也差點和音樂發行公司對立，這些公司代表的是歌曲的基礎結構。Rap Genius不同於Napster，因為它不是非法展示錄製音樂，但儘管創辦人堅持他們的內容是由群眾外包，不是偷竊而來，許多音樂公司主管仍將歌詞網站視同音樂發行的Napster。2013年，美國音樂出版協會（National Music Publishers' Association）在一波查封通知中，將Rap Genius列入「不良歌詞網站清單」。

幾位創辦人向他們的投資人求助。卡特給的幫助尤其多，幫他們整理出一些比較混亂的版權問題，同時居間引介Rap Genius和唱片公司的高階主管。網站最後和主要的音樂發行公司達成授權合約，終止這場法律爭端，而這無疑是受到像納斯與菲瑞這些娛樂界盟友的幫助。網站的認證藝人大軍，漸漸將Rap Genius視為珍貴的宣傳推廣工具，有助這家新創公司突顯自身有別於Napster，並避免類似命運。

只不過，還有幾個問題是Rap Genius的創辦人必須親自處理的。2013年耶誕節那天，他們醒來時發現Google以搜尋引擎優化做法有問題為由，懲罰該網站，將該新創公司的歌詞一下子降到Google搜尋結果的第六頁——即使使用者輸入「Rap Genius」依然如此——這對他們的業務可能是致命打擊，與Facebook改變演算法而摧毀Viddy並無二致。而在種種措施中最要命的，莫過於莫哈丹所一直標榜的「Rap Genius部落格聯盟行銷」方式，卻導致讓網站變成Google搜尋公式所企圖剔除的不良連結。

創辦人立刻努力解決每一個引起爭議的連結。他們的工程團隊拼湊出一份有17萬7781個連往Rap Genius的反向連結（inbound link）名單。在這當中，他們發現3333個網址（URL）可能有問題，然後手動一一檢查，並將清單削減到幾百個要消除的惡劣違規者（Rap Genius採取的技術補救完整說明，可參考該公司創辦人與工程團隊的部落格貼文）。

沒過幾天，事情就回歸正常。「那是耶誕日，我們大有可能因壓力太大而互相指責、破口大罵什麼的。但我們團結在一起，人人恪守自己的職責，並解決了問題，我們戰勝一個原本可能是相當糟糕的事件。」雷曼說。

不過在幾個月後，莫哈丹給一個在聖塔芭芭拉大學大開殺戒的持槍歹徒的行凶前宣言，對其中幾段話做了偏激的註解，似乎已將其他共同創辦人的耐性徹底耗盡。他在該事件後不久便辭職。

雷曼在網站上寫道：「馬博德是我的朋友。他才華洋溢、富有想像力，內心充滿愛，是個感情豐富的人。沒有馬博德，Rap Genius不會存在，我很感激他為了協助Rap Genius成功所做的一切。但我不能任由他拖累並破壞Rap Genius所背負的使命。」

成立不到五年，Rap Genius已迅速擴大進入主流，能夠承受住共同創辦人公然決裂，以及另一家可能拜Google之賜而關門大吉的新創公司。該公司成為網路上最受歡迎的嘻哈網站，即使網站內容擴展到其他領域，從新聞報導到聖經的一切都提供註解。

許多投資人看出Rap Genius的廣度潛力大，足夠開出更大筆的支票；先是納斯參與種子階段，一直到本．霍羅維茲參與A輪。他們能理解這家新創公司的本質，也讓創辦人始終感到安心。澤柯里說：「網友在逛這個網站時，真正明白這其實是個強大的資源。知道這點對我們來說很重要，而且我認為知道投資人真正理解你在做什麼，對任何公司來說也很重要。」

或許是一些精明投資人都參與其中，讓人消除疑慮，億萬富豪丹．吉伯特（Dan Gilbert）——克里夫蘭騎士隊與速貸中心（Quicken Loans）老闆——就主導該公司2014年夏天的4000萬美元B輪融資。「可能性是無限的。協作註解，是網際網路上的文本未來。」吉伯特在網站上寫道，後來公司名稱去掉「Rap」，就是考慮到公司的任務目標將會擴大。

嘿，你應該考慮這個投資機會

正當Genius經歷成長之痛，納斯正忙著建立自己的創投事業。2012年，他加大力道利用自身名氣投資新創公司，與薩列合作創立皇后橋風險投資公司，將投資重點集中在初期階段投資。

「你要調查一個點子和人，就是這樣。所以你真正需要了解的就是，這是個好點子嗎？我們知道自己在這方面有點本事，但也知道我們沒有能力以很快的速度，從自己的口袋掏出幾百萬、幾百萬、又幾百萬來投資。」薩列說。

對納斯來說，創立自己的創投公司，也是另一種引領潮流方式——不同於模仿Jay-Z或吹牛老爹開發服裝系列或爭取運動鞋合約的策略。「我意識到這件事的重要性而開始當投資人，且因為我沒有看到其他人在做，我覺得很新鮮。我想做些全新的事。」他說。

受益於一個茁壯的團隊，納斯與薩列建立的皇后橋風險投資公司，借助前者的名人身分所帶來的機會，和後者取得交易的能力，為他們的第一檔投資基金籌募到1000萬美元。薩列援引創投業界常見的保密協議，並未透露除了他自己和納斯之外，他們的投資人還有誰，但他形容他們都是「一般的有錢人」。

2013年，皇后橋風險投資公司增加新創公司的持股，包括零手續費網路券商羅賓漢及加密貨幣平台Coinbase[2]。隔年，皇后橋風險投資公司搶進Lyft和Dropbox，這次的投資人還加入其他娛樂界人士，包括U2和珍珠果醬（Pearl Jam）的

2　作者註：一名知情人士宣稱，本．霍羅維茲用私人飛機載納斯前去會見Coinbase的創辦人，協助霍羅維茲及納斯的公司敲定這筆交易。薩列駁斥這個說法，但對實際情況不願多做解釋，只說：「那實在是太胡扯了。」（霍羅維茲的發言人對此不予置評）。

成員，另外也包括蓋伊・歐希瑞。而安霍創投則是四家都有投資。

「本會在我們跟著他投資時教導我們。他並不是說：『嘿，把錢投在這裡，』而是：『嘿，你應該考慮這個投資機會。』他對我們談起怎樣評價人，或是怎樣評估機會，就是這種超有料的內容。」薩列說。

納斯從骨子裡就是個嘻哈音樂人，並清楚知道他能幫像Genius這樣的公司成功發展。不同於庫奇，他並未對自己投資的每個事業都深入鑽研基本面，而是仰賴信任的夥伴如薩列，以及導師如霍羅維茲——還有他的直覺。他的直覺在他建構皇后橋風險投資公司的投資組合時，也證明有其價值，尤其是在有機會早期投資床墊新創公司Casper（也在A級投資公司的投資組合中），而薩列卻想略過時。

薩列回憶：「納斯說：『我就是覺得箱子裡出現床墊還算酷……如果你住在紐約市，你能想像它用箱子運來嗎？那可輕鬆太多了。』而我則說：『確實，那真的是挺不錯的。好吧，很酷。』然後我打電話把那傢伙叫回來，跟對方說我們決定投資了。」

羅賓漢、Casper、Coinbase、Lyft以及Dropbox，現在全都是億萬美元級的公司——不是在那斯達克掛牌上市，就是準備上市。而納斯在新創公司業界的成功，很快就吸引許多嘻哈界同行的注意，正好就包括他過往的勁敵。隨著Uber擴展到禮車以外的業務，Jay-Z與該公司達成協議將投資200萬美元——後來他個人又額外匯款500萬美元，給創辦人崔維斯・卡拉尼克，希望增加持股。但即便是卡拉尼克，對名人投資也有所限制。他知道就算沒有多那一筆錢，Jay-Z的影響力也同樣可貴，所以不想再賣出更多公司股份，於是便拒絕了Jay-Z那新增的500萬投資。

饒舌歌手投資人

饒舌歌手投資人的名單不斷增加。史努比狗狗（Snoop Dogg）在2014年追加對Reddit與羅賓漢的投資，並在隔年成立專門投資大麻事業的公司Casa Verde Capital。同時有嘻哈歌手身分的威爾・史密斯跟著納斯，投資襪子新創公司Stance；他們還合作投資推薦系統平台Fancy——一款結合圖片分享平台Pinterest加上亞馬遜的應用程式，產品從貓用吊床（62美元）到水上摩托車（13500美元）等包羅萬象。

來自加州科技圈以外的各地饒舌歌手，也加入了新創公司投資活動。出身亞特蘭大的歌手T.I.增持一系列公司的股票，包括Moolah，這是一種透過行動電話提供廣告給顧客，讓顧客以此換取折扣和現金獎勵的應用程式。休士頓出身的歌手天生贏家（Chamillionaire），最為人知的是他2005年的爆紅歌曲〈Ridin'〉，他投資的影片製作公司Maker Studios，後來被迪士尼（Disney）以5億美元收購。

事實上，成功的嘻哈藝人發現他們算是身處於天使投資的「甜蜜點」：足夠富有，可花費的收入能支應新創公司所需，但又不是太有錢到讓小公司不敢打擾。億萬富豪如比爾．蓋茲，大概就不想花時間操心在是否投資1萬美元給一家在草創階段的新創公司；但百萬富翁如天生贏家大概就會。此外，嘻哈明星們的人生經驗，通常讓他們自然對新創公司感到親切。

「這些公司，他們不需要另一個企管碩士協助，他們公司裡就有一堆。他們需要文化，他們需要洞察力，他們需要消費者的眼光。」薩列說。

在開始涉足投資事業前，納斯已是音樂界的傳奇人物。他的投資為他贏得同輩嘻哈音樂人更多尊重——包括那些在1990年代率先開闢新道路，利用饒舌樂界的成就以變現獲利的人。「吹牛老爹告訴我：『年輕人，我們都在關注你的動向。』」納斯說，但他堅稱自己不需要那麼多額外的關注。「我已經因為做音樂而出名。我其實不在乎是否得到更多肯定。」[3]

3　作者註：Jay-Z大多是以行動而非言語，表達對納斯投資藍圖的尊敬。2018年，Jay-Z創立創投公司Marcy Venture Partners。公司名稱的由來就跟納斯相仿，是他兒時居住的國宅名。

科技平台加強文化深耕

常言道：所謂優秀的作家，是因其筆下文字栩栩如生而聞名。在2018年深冬，洛杉磯的一座倉庫裡，美國女歌手妮姬．米娜（Nicki Minaj）在此拍攝音樂錄影帶，她坐在一張紅唇形狀的毛絨紅色沙發，眼妝是淡紫色的，頭上戴著一個華貴的金冠。在這座面積十乘十英尺空間裡的所有裝置藝術，靈感都是來自米娜的歌曲〈Moment 4 Life〉裡的歌詞：「此時此刻，我就是王」。

能夠將文字轉化為實體，要歸功於藝術家佩姬．諾蘭（Peggy Noland）以及Genius（Rap Genius於2014年7月改名）與Dropbox合作一個名為「將歌詞化為現實」（Lyrics to Life）的活動，該活動吸引大眾參觀包括米娜的拍攝布景在內的幾項展品。這次活動也讓人提前一窺Genius的最新轉變，包括更加深其和音樂的連結，以及把焦點更加集中在影片系列，如認證（藝人深入探討他們的歌詞）和解構（音樂製作人探索他們最成功的熱門作品）。

「Rap Genius變成Genius，並不是指『好吧，我們是做了一些與音樂有關的內容，而現在我們想擴張到別的領域』。而是我們嘗試去接受網路社群裡，網友們使用我們產品的方式。基本上從2015年起，我們就想著：『我們真的、真的是在做和音樂有關的，非常、非常有趣且重要的事。』

這就是我們著手要做的。我們建立這個網站，這裡的社群能量如此強大，才是有機會真正從文化上做出改變的地方。」澤柯里提及網站因註解音樂歌詞以外的文本而大受歡迎的狀況。

隨著這個策略所顯示出的跡象令人充滿希望。2017年12月，Genius總計達到1億人次的不重複瀏覽量——是2016年12月總數的二倍以上；年營收邁向1000萬美元，隔年再翻倍。對一家籌募到超過7500萬美元的公司來說，這金額不算龐大；但以矽谷的情況來說，當地創投公司經常必須等待數年，才有機會看到所投資的新創公司，從取得受眾模式轉為獲利模式，因此Genius的成長肯定是鼓舞人心的一大步。[4]

但即使規模擴增，Genius仍持續仰賴早期投資者的援助。舉例來說，在規畫第一場IQ／BBQ活動時——在該公司於布魯克林總部舉辦的一場小型音樂節，主要有音樂知識問答活動和一場演唱會——澤柯里便向歐希瑞請益有關舉辦現場演唱會的相關事項，並且還得到一些相當有幫助的引薦。他很快就找了歐希瑞在理想國娛樂公司的朋友討論，研究如何在現場表演中進行即時歌詞分析。

然而納斯替該網站所帶來的影響力依然存在，即使他並未積極推銷Genius。澤柯里記得饒舌歌手雙鍊大師（2

---

4 作者註：有無數新創公司募集到大量現金，卻沒有產生任何獲利。

Chainz），在一段Genius的影片中宣傳他的音樂。「（他的）震驚在於竟有人如此深入鑽研他的歌詞，於是他以某種方式對那位觀眾喊話。」澤柯里說，「他說：『是的，我確實將會在這裡談論我的作品。我知道這不會是另一場膚淺的交流，因為這裡的人都對創作心懷尊重。』」

不過已離開的共同創辦人莫哈丹在2018年，接受我為《富比世》報導Genius而與他進行採訪時說：「如果我還留在公司，它可能會成為一個所有人都通用的註解平台。結果，它卻只是個饒舌音樂網站。」

無論如何，納斯的投資似乎一切順利。他始終沒有公布投資的金額，而Genius對目前的公司估值也含糊其辭。該公司極有可能始終找不到一個絕佳的退場機會。但從眼下來看，該公司目前的價值，無疑比納斯最初的投入增加好幾倍。納斯說：「現在的局勢對我有利。」

只要一次成功

在曼哈頓時髦的蘇活區中，從WeWork大樓的二樓，可看到另一家以嘻哈音樂為主的媒體公司：Mass Appeal——稱得上是娛樂和創投交會的聖殿。大廳牆上懸掛幾張黑膠唱片，封面朝外，當中就有HBO的《矽谷群瞎傳》（*Silicon Valley*）原聲帶和幾張納斯的專輯。

這並非巧合。納斯在2013年投資了六位數金額後，就擁有Mass Appeal的一大部分股權。在那之後，他採取與在Genius使用的類似策略，協助將一家瀕臨倒閉的雜誌社，轉型為一家多媒體與創意公司。

在Mass Appeal位於二樓的會議室，執行長彼得・比滕賓德（Peter Bittenbender）就坐在納斯旁邊，他說：「當然他帶來的資本相當驚人。但他所做的其他事，比實際開出的支票價值百倍以上。」

事實上納斯還說服了好友肯伊及吹牛老爹，在Mass Appeal所出資拍攝的紀錄片《嘻哈時尚》（*Fresh Dressed*）中現身，並協助目前任職YouTube的前Def Jam唱片公司總裁萊奧・柯恩（Lyor Cohen），幫Google 安排一場以嘻哈音樂四十四周年為主題的活動。

「我知道這家雜誌社還有很多事可以做。我想已經到了該是我們大展身手的時刻了。」納斯一邊啃著龍蝦堡，一邊用他那沙啞聲音說。

近來，納斯與薩列專注在他們的下一步。2016年底，由於皇后橋風險投資公司的資金紛紛投入在數量相當可觀的新創公司，於是薩列和幾位資本家合作（包括夢工廠共同創辦人傑弗瑞・卡森伯格〔Jeffrey Katzenberg〕），創立控股公司WndrCo，資助及培養以消費者為中心（consumer-focused）的公司。薩列任該公司「主要負責人」，納斯則扮演共同投資人角色。

儘管納斯在十年內花了大半時間取得新創公司股權，但其創投事業依然處在一個相對未能回收的階段。通常一家公司可能要花上十五年時間，才會被收購或能開始賺錢。直到不久前，納斯才開始看到他的六位數投資，轉變成七、八位數的財富，如在本書寫作期間，他的一些投資組合：冥王星電視網（Pluto TV）以3.4億美元賣給媒體集團維亞康姆（Viacom）；亞馬遜以各約10億美元價格，買下線上藥局PillPack和虛擬門鈴公司Ring。2018年，納斯在44歲時賺進3500萬美元（也是他的投資生涯賺最多的時候）；接著在2019年又賺進1900萬美元。

其他尚未公開上市或被收購的新創公司，就只能繼續等待其茁壯的那一刻。當然，其中許多公司——甚至是大多數的公司——大概都不會成功，但矽谷老將們都知道，**只要一次成功，就足以彌補十二次的投資失敗還相當有餘**。而最好的狀況是，納斯在這些公司的股權，並未與他的音樂事業成就牢牢綑綁。在一個眾所周知缺乏安全保證的行業，那是唯一美好的安全保障。納斯最感慨的，是嘻哈樂的早期先驅，從梅樂・梅爾（Melle Mel）到閃耀大師（Grandmaster Flash），都不曾有過機會，擁有這樣的賺錢金雞母。

他說：「因為有他們在前面開路，如今我才能有一方立足之地。等到局勢翻轉時，相信會有人在此接手。Jay-Z和吹牛老爹也知道，老派的行事作風在90年代便已失效。大家紛紛創立唱片公司，以確保自己不會窮困潦倒而死、確保自己不會被欺騙。」

納斯協助引領正在嘻哈界進行中的商業發展進入下個階段。而儘管他和同行無法在早期階段便投資YouTube或Facebook，卻有一些巨星天使投資人，已設法布局在下個重大平台。

Chapter 7

音樂人投資 Spotify

以一介音樂人變身創投家來說，瓦拉赫肯定算是衣著得體的。他住在眾多好萊塢明星居住的地區；家門前停了一輛特斯拉，是對矽谷恰如其分的致意。

瓦拉赫一身全黑打扮（除了一頭紅色鬈髮），在他的房子裡迎接我，隨後翹著腿坐在一張酒紅色天鵝絨沙發上。他雖然才30多歲，但已成功將原先廣受好評的音樂家身分，轉換為一位全職創投業者，並取得從Spotify到SpaceX等公司之股份。偶爾，他也會在新創公司和一些娛樂界大咖間穿針引線。

瓦拉赫的「連結者」角色一開始並不順利。2007年他還是個哈佛大四生，在那裡初遇校友馬克．祖克柏，就為Facebook創辦人和新視鏡唱片公司當時的主管吉米．艾歐文（Jimmy Iovine）居中牽線。艾歐文當時剛與瓦拉赫的樂團切斯特．法蘭奇（Chester French）簽約，他正設法打入科技圈，於是決定飛往灣區進行會面。

瓦拉赫回憶：「吉米那次會面遲到45分鐘，而且他還說：『抱歉我遲到了，因為我們的飛機……然後我們就被蘋果的人拉去見史蒂夫。』他的口氣就像史蒂夫（賈伯斯）是他的親兄弟，沒意識到祖克柏很快就要變成（比自己）更重要的人了。」

瓦拉赫原本想像自己的居中斡旋，將成就音樂界和新興社群媒體界之間，眾多重大協議的第一炮。他覺得像祖克柏這樣的公司創辦人，和像艾歐文這樣的唱片主管，兩者間的聯繫將可用來駕馭Facebook的力量，並為音樂人所用；或許像該公司的按「讚」功能鍵，可幫藝人建立與粉絲之間的直行通路。但艾歐文卻不怎麼重視給祖克柏的第一印象。

「吉米，我猜你已經用過Facebook了。」瓦拉赫先開口。

「沒有，我不用Facebook，因為將會有來自四面八方的人傳訊息給我，而我將會被那些東西給淹沒。」艾歐文回答。

瓦拉赫心想：「我好不容易安排這次重大會面，這可是我竭盡所能安排的。我極盡洪荒之力才能介紹兩位認識。但吉米卻不知道Facebook是什麼。」

過了大約5分鐘後，祖克柏斷定再談下去也不會有收穫。這位年輕億萬富豪為這次會面騰出1小時，而艾歐文在進會議室前，就已消耗大部分時間。

「抱歉，我三點半就必須離開。」祖克柏聲明，「我不確定我們究竟能合作些什麼，但我很感謝你趕過來。很高興認識你，但我必須走了。」

雖然這次會面證明參與的各方都沒有收穫，但瓦拉赫和艾歐文都找到辦法加入接下來與音樂人有關的兩個重大平台：Spotify及Apple Music。後續幾位巨星天使投資人——以及其他許多創作者——能在串流革命中分得一杯羹，瓦拉赫功不可沒。

與其抵抗，不如加入

2006年的某天，艾歐文和多年好友德瑞博士在加州的一處海邊散步。他們討論起有人向這位超級製作人提出的一項鞋子合約，和幾年前Jay-Z及五角簽下的交易並無不同。「去他的運動鞋，我們來賣喇叭吧！」艾歐文說

這差不多就是他們後來所做的事。艾歐文和德瑞最初和魔聲線材公司（Monster Cable Products）的執行長李美聖（Noel Lee）合作，構思、設計、生產、經銷耳機，並讓他在他們的公司Beats by Dr. Dre占有5%左右的股份。還有更少量的股份則是給黑眼豆豆樂團（Black Eyed Peas）的Will.i.am及NBA球星雷霸龍．詹姆斯（LeBron James）；艾歐文

和德瑞握有最大股份。環球音樂集團也取得部分股權，鼓勵公司旗下大牌明星在音樂錄影帶中用Beats出產的耳機——特別是環球音樂集團旗下、由艾歐文執掌的新視鏡唱片公司藝人。等到2000年代末期，Beats開始出現在從女神卡卡到美國奧運籃球隊成員等名人的頭上。

大約在德瑞和艾歐文散步的同時，才剛創立一家串流音樂公司的兩個人，正在斯德哥爾摩的一家公寓裡對彼此鬼吼鬼叫，希望能激盪出一個沒有任何意義、卻是網路上還沒有被用過的名稱。丹尼爾・艾克（Daniel Ek）其實聽錯了，他以為共同創辦人馬汀・羅倫特松（Martin Lorentzon）說的是「Spotify」，他發現這個名字在網路搜尋的結果為零。這兩位瑞典的連續創業家——艾克20多歲，羅倫特松當時坐三望四——聘請工程師設計介面，並花了兩年時間試圖說服歐洲唱片公司授權曲目。這項服務對許多人來說，依然明顯帶有Napster的味道，直到Spotify的創辦人提出百萬美元預付款，唱片公司的態度才軟化。

「我們賭上所有財產，甚至可說賭上整間公司。驅使我們的是一個信念，而不是理性，因為理性會告訴我們這是不可能辦到的。」艾克說。

美國整體專輯銷售在2000年創下7.85億美元產值高峰後，在後Napster時期急遽下滑。雖然2003年蘋果iTune商店的出現帶來一些緩解，但這項服務也訓練了消費者以每支單曲0.99美元價格購買，而不是買下一整張專輯。從新千禧年的開端直到2008年，唱片總銷售額下跌45％。等到Spotify出現，幾大唱片公司已經一籌莫展，不得不仔細考慮起從前絕對不可能接受的構想。

Spotify在瑞典獲得成功，到了2011年，已扭轉當地整個音樂產業長達十年的衰退——免費加訂閱的總和，約占該國音樂產業營收的一半——使得大型唱片公司願意聽艾克怎麼說。有些人可能還會後悔沒在十年前和Napster達成交易，創造一個類似Spotify的服務。幾大唱片業者似乎並未因舊敵西恩．帕克也參與其中而推託，據傳帕克2010年時付出1500萬美元，獲得Spotify的5％股份。

無論如何，幾大唱片公司主管也知道自身擁有極大影響力，只要不能使用唱片公司所發行的數量龐大的曲目，Spotify就不可能存在。而且就像觀察如Facebook及YouTube發展的創作者，他們也想擁有平台的股份。他們決定以此來討價還價，最終得到Spotify約10％至20％的股份。由於唱片公司的同意授權，讓艾克得以在2011年於美國推出Spotify之前，以約10億美元的估值募集到1億美元資金。

「他帶給人們一個不可思議的平台，無限聽音樂聽到飽，還有極為出色的使用介面，從此改變整個局勢。在我們眾多投資中，還沒有在我們的核心產業做過太多投資。從Spotify我們看到這一行的一些創新，於是跳了進去。而且我們明白其中的潛力：如果唱片公司支持，我們就可預測其發展方向。而他們也確實給予支持，剩下的故事大家都知道了。」歐希瑞說。

你願意至少投資 5 萬塊嗎？

瓦拉赫沒能給Facebook和新視鏡拉上線，但他很快就找到其他辦法，幫忙促進科技與創意的交會，那就像是他天生就會做的事。他在威斯康辛州長大，熱愛電腦和音樂，中學時結合這兩者成為一位音訊工程師（他認為「其實基本上主要就是電腦程式設計」）。瓦拉赫並沒有想太多生意方面的事，直到上大學，才開始思考該如何將他與切斯特．法蘭奇樂團（祖克柏也是粉絲）的音樂變現。[1]

「我們算是第一代主要透過社群媒體吸引觀眾的藝人，而不是傳統靠開貨車四處巡迴演出的藝人。我並沒有預期在生涯早期會出現這些科技，但它們就這樣出現了。而我很早就一邊擁抱這些科技創新，一邊思考：『在社群媒體世界玩樂團，會是什麼樣子？在數位錄音世界錄製一張作品，會是

1　作者註：切斯特．法蘭奇樂團在簽下唱片合約時，是由瓦拉赫與麥克斯威爾．德魯米（Maxwell Drummey）組成的雙人組合。但原先的樂團陣容更盛大，包括《樂來越愛你》（*La La Land*）的導演兼編劇達米恩．查澤雷（Damien Chazelle）以及為該電影製作配樂的賈斯汀．赫維茲（Justin Hurwitz）。

什麼樣子？』」瓦拉赫說。

2007年，瓦拉赫搬到洛杉磯，他的音樂事業在那裡出現轉機。菲瑞．威廉斯聽過切斯特．法蘭奇樂團，並將這支樂團簽進自己的新視鏡唱片公司，且於2009年發行第一張專輯《愛上未來》（*Love the Future*），最高成績曾登上《告示牌》（*Billboard*）排行榜第77名。瓦拉赫透過共同朋友，認識同樣出身中西部的庫奇，對方在此之前才剛拿下爆爆洋芋片（Popchips）的股份——主打喜歡穀物類點心與洋芋片的消費族群。接下來瓦拉赫開始和該公司的主管協商，因為該公司想推動一個「網紅行銷活動」。[2]

「他們正在募資，於是他們問：『你想投資我們嗎？』然後我投資5000美元到爆爆洋芋片……我以前沒做過這種事。5000美元對我來說是相當大的一筆錢，而且不是投資科技業，而是一家洋芋片公司。」瓦拉赫回憶。

對瓦拉赫來說，這筆投資代表可藉此在創投業界建立立足點，即使對他來說並非是理想的公司（如今，他的投資是價值1美元還是2萬美元？「不知道……」他說）。如果再多等一陣子，瓦拉赫的第一筆投資或許會得到更好的成績。在投資爆爆洋芋片後的隔年，他依然住在密爾瓦基的母親家，

2　作者註：庫奇也在爆爆洋芋片於2012年，一支草率又輕佻的商業廣告中擔綱，扮演四個尋找愛的人，包括一個名為拉吉、臉色黝黑的寶萊塢製作人；爆爆洋芋片在大眾強烈抗議後，從Facebook和YouTube撤下這段廣告。

這時他接到當時在矽谷門羅風險投資公司工作的薛文・皮西瓦來電。

「我記得他打電話跟我說起Uber：『嗨，你願意至少投資5萬塊嗎？』」瓦拉赫說，「我穿著一件四角褲，坐在電腦前和薛文講電話，然後心想：『媽的，我不想讓人以為我沒錢，可是我又沒辦法拿出5萬塊投資。我所有的錢加起來根本不到這個數目。』所以……而且我想我當時也非常懷疑這間公司。」

當音樂人也投資串流平台

瓦拉赫自尋煩惱的悲觀看法，隨著Uber的估值從3億攀升到破10億美元而漸漸消失，當時他正跟著切斯特・法蘭奇樂團進行世界巡迴演出，有時吸引到不少觀眾，但在英國布里斯托，觀眾卻只有寥寥幾人。瓦拉赫迫切想找方法更加深入地接觸新創公司，結果他發現了Spotify。他最初是在2010年發現這家公司，便纏著該公司早期投資人沙吉尤・可汗（Shakil Khan）引介丹尼爾・艾克和西恩・帕克給他認識。這位年輕音樂家對這二人組印象深刻（「丹尼爾十分理性、冷靜，有點冷漠無情……西恩則是一位橫空出世的創造者，聰明絕頂又帶點瘋狂，更是我見過最優秀的推銷員之一。」瓦拉赫說）。

瓦拉赫迫不及待想要投資，但他的現金依然不足以買下夠多股份。於是他做了一項交易：他擔任Spotify的駐站藝術家，充當音樂大使。這樣的交易也有助避免發生如「布里斯托大災難」的難堪事件。做為交換，瓦拉赫將「獲得可觀的股份」，在價值已將近10億美元的公司搶到部分所有權。

更重要的是，瓦拉赫成為Spotify的傳道者，就像皮西瓦之於Uber，特別是在2012年他自己籌辦一場派對輪之後。三年前，切斯特．法蘭奇樂團與吹牛老爹合作發表一首歌曲：〈Cîroc Star〉，因此瓦拉赫打電話給他，並成功爭取到一筆投資。

吹牛老爹是瓦拉赫帶進的眾多娛樂界人士之一，但Spotify不見得那麼容易推銷——尤其是對那些曾在Napster年代，感覺遭到欺騙的創作者而言。不過，有些人看出這是個可擁有代表產業未來平台的難得機會。瓦拉赫幫該公司與搖滾樂手傑克．懷特（Jack White）、饒舌歌手阿姆、搖滾樂團眨眼一八二（Blink-182）鼓手崔維斯．巴克（Travis Barker）、年輕偶像小賈斯汀以及經紀人史庫特．布勞恩敲定交易，總共募集到約1500萬美元資金。布勞恩是獲取該平台股份的幾位重要藝人經紀人之一，但他和同行的參與，卻不是人人都歡迎。

「我認為他們其實讓事情失了焦。」創投業者佛雷德．戴維斯（Fred Davis）說，他是投資集團Code Advisors的創始合夥人，「他們是不是誤信了一些花言巧語的誘哄，誤將平台當成藝術家發表作品的園地，參與了他們其實不應該加入的投資交易？還是他們其實是好的投資者？但好的投資者會提供價值。」

不過對Spotify來說，隨著公司持續擴張，經紀人與藝人的支持同樣證明有莫大價值。即使唱片公司將曲目授權給這家串流服務商，這種交易一般都有明確期限——意思是到了續約的時候，唱片公司握有很多籌碼。只不過，讓高知名度的經紀人及其客戶握有Spotify股權，艾克與夥伴就有了重要支持者。

「我樂見有一大票音樂人投資Spotify。當你基本上會遭到一整個行業的攻擊，但因為有這個行業的主要人員參與進來，這真的再好不過。」風險投資公司舊金山音樂科技基金（SF Music Tech Fund）共同創辦人布萊恩．奇斯克（Brian Zisk）說。

從有錢，變超有錢

儘管Spotify奮力在美國市場站穩腳跟，艾歐文和德瑞卻忙著尋找耳機以外的新行業以期加以征服，此時Beats已經掌控三分之二的高端市場。他們能得到這樣的成績，是靠著將耳機打造成時尚配件的成功行銷。就像百思買（Best Buy）

主管布萊恩・鄧恩（Brian Dun）所說：「消費者要考慮的問題是，『我要買Beats耳機還是喬丹鞋？』」

德瑞已經想到辦法，不用像他與艾歐文進行海邊閒談之前計畫的那般進入鞋業，就能和運動鞋品牌競爭。這兩人獲得其他知名利害關係人的許多幫助，包括Will.i.am、雷霸龍・詹姆斯以及吹牛老爹，他們都在自己備受關注的日常生活中，高調地展示Beats品牌。而且德瑞與艾歐文在2012年收購音樂串流服務MOG之後，也對串流服務事業採用類似的公式。Beats聘請九吋釘樂團（Nine Inch Nails）主唱特倫特・雷澤諾（Trent Leznor），主理與Spotify一別苗頭的計畫，即2014年初問世的Beats Music；艾倫・狄珍妮則為這項服務的一支早期廣告擔任主角。

另一方面，蘋果仍在為2011年過世的史蒂夫・賈伯斯哀悼傷心。但他的離世，也為音樂傳播的新方案開啟了一扇大門。根據特洛伊・卡特的說法，賈伯斯2010年曾說，大眾永遠不會完全採用串流服務，而是想要擁有屬於自己的音樂。他的繼任者提姆・庫克（Tim Cook）的觀點則大不相同——從他2014年春天決定以30億美元買下Beats，可見一斑。

除了將全世界最受歡迎的高端耳機帶進蘋果的產品陣容，連同艾歐文和德瑞也加入這家科技巨擘成為團隊一員，這次收購更讓Beats Music進入蘋果的核心。隔年該公司推出Apple Music以對抗Spotify，放棄當初備受讚揚的iTunes及其線上商店的數位下載優先之心態，轉而支持以德瑞及雷澤諾為首的創作者團隊所推出的串流模式。

這項交易也再次突顯蘋果的龐大資金規模，其價值是支付給Beats的數百倍，也再次向娛樂界展示股權的價值。在交易當時，兩位資深音樂製作人——德瑞和艾歐文帶回數億美元支票；Will.i.am及雷霸龍・詹姆斯也有千萬美元落袋。根據我為《富比世》做的估計，德瑞2014年的稅前收入達6.2億美元，這是有紀錄以來，史上演藝人員單年最高總收入，這完全拜蘋果的併購動作之賜。這些人，已從有錢，變成「超有錢」。

隨著德瑞專注於Apple Music、吹牛老爹落腳Spotify，Jay-Z仍是嘻哈音樂界頂尖三大亨中（正好也是美國最富裕的三位音樂人），最後一位在串流服務沒有明顯財務利益的人。但其實Jay-Z悄悄地著手取得自己的平台。他的一名助理告訴他Aspiro這家公司，這是一家公開上市的北歐公司，旗下有兩個串流服務品牌：Tidal及WiMP。2014年底，Aspiro的奧斯陸辦事處一名員工接到一通電話，說一位有錢的美國投資人，有興趣買進這家經營面臨艱苦掙扎的公司（當時傳聞對方可能是川普〔Donald Trump〕）。

隨著到了該年尾聲，Jay-Z是那神祕出資人的消息也浮上檯面，他以5600萬美元買下公開上市的Aspiro，大約比公開市場價值高出60%。當時，Spotify的音樂界投資者大部分皆尚未曝光（以吹牛老爹為例，一直到我的著作《嘻哈三王》〔*3 Kings*〕出版，才被揭露為是利害關係人）。Apple Music的陣營有德瑞等音樂人，但無論如何都不是一家由藝人所擁有的公司。Jay-Z決定將Tidal定位成由藝人擁有及打造的公司，讓他的串流服務和所有競爭對手做出區隔。

其他音樂人也嘗試過建立自己的傳播系統，卻都功敗垂成。在2001年，流行歌手王子（Prince）曾推出收費音樂網站NPG Music Club，樂迷只要每月花100美元，就能聽到最新的歌曲，還可提早取得演唱會門票，更提供一個可讓粉絲擔任主持人的廣播節目。王子後來將終身訂閱價格降低到25美元，但在2006年結束該網站的運作。八年後，鄉村樂創作歌手葛斯．布魯克斯（Garth Brooks）試圖推出數位音樂商店GhostTunes，但他在與亞馬遜達成數百萬美元的交易並首次將他的音樂帶到串流平台後，卻於2017年將GhostTunes關閉。布魯克斯後來告訴我：「我非常投入在自己的事業，這對所有人來說都不是祕密。只是後來我發現風險太高了，雖然我還是覺得那很有趣。」

去他的有錢人，我們一起致富吧！

Jay-Z打算以典型的大膽方式，讓自己的訂閱方案有所區隔，他在旗下藝人正式成為音樂人投資者時舉行了一場記者會。這個陣容基本上應該是很引人注目的，但在舞台上卻顯得有些尷尬：知名蒙面DJ鼠爺（Deadmau5）在跟瑪丹娜打招呼時想跟對方握手，瑪丹娜卻避開了；鄉村音樂明星傑森．阿爾丁（Jason Aldea）和搖滾歌手傑克．懷特在台上東張西望，顯得像第一次見到因姻親關係而成為親戚的人。Jay-Z、肯伊．威斯特、傑寇（J. Cole）擺出相同的手插口袋姿勢，碧昂絲則侷促地微笑，旁邊是戴著鉻合金頭盔的沉默雙人組傻瓜龐克（Daft Punk）。酷玩樂團（Coldplay）主唱克里斯．馬汀（Chris Martin）及超級製作人凱文．哈里斯（Calvin Harris），則是透過視訊會議加入，讓這場活動很像標準的企業行銷業務會議，只是碰巧發生在萬聖節時的一群音樂超級英雄聚會。

當Tidal投資人全都上前簽署某份文件，情況又更顯得怪異。瑪丹娜在簽名時，挑逗性地一條腿跨到桌子上；艾莉西亞．凱斯（Alicia Keys）則不知所以地引述尼采的話（「沒有音樂，人生就像一場錯誤」）。儘管這場活動可能有些超現實，Jay-Z卻是以非常具體的條件吸引在場的每一位藝人——分得個位數百分比的股權，換取網站可獲得歌手獨家內容的承諾。他似乎認為那是最理想的辦法，既能和Spotify及Apple Music一較高下，同時又給藝人一個機會，徹底擁有下一個重大串流平台。「此時此刻，他們正在替我們寫故事。然而，自己的故事，自己寫。」當Jay-Z談到顛覆音樂產業的那些重要人物時說。

他還採取和Spotify不同的路線，Spotify是得割捨很大部分的股份給唱片公司，才能獲取必要的授權許可，以串流播放無限量的樂曲。但Tidal的情況，跑完這個流程只花了幾個月的時間，而不是幾年——或許有部分是因為唱片公司不想惹惱旗下幾位最大牌的明星。事實上，Jay-Z的授權名單包括來自每家大型唱片公司及數家獨立唱片公司的多位藝人。

但要取得好成績顯然並不容易。即使擁有Jay-Z、碧昂絲、肯伊等一連串一流歌手的獨家作品發行權利，Tidal還是一直在虧錢。根據許多報導指出，每年虧損約千萬美元，且截至2016年底平台訂戶只有區區幾百萬，比起Spotify和Apple Music的使用者總數，這數字只是九牛一毛，甚至數字可能還誇大了（根據一組挪威財經記者在一年後揭露Tidal內幕的報導，當時活躍用戶的實際數量大概接近100萬；而比這更大的數字，可能包含不活躍和早已沒在使用的帳戶）。

只不過2017年1月，電信公司斯普林特（Sprint）突然對Tidal出手，投資2億美元取得該公司三分之一股權，並給Jay-Z一個企業合夥人名分做補償。這場交易也給Jay-Z帶來十倍的紙上獲利，只不過時間會告訴他這步棋是否明智。無論如何，Jay-Z對Tidal的處置，代表了一種奇妙的轉折，那就是**曾經處於被動地位的娛樂界人士已經發家致富，足以成為這種用內容換取所有權交易的參與者**，甚至有能力施捨一點甜頭給那些僅是身上有些錢的音樂人。有意思的是，對一個曾引用克里斯·洛克的名言，唱出「去他的有錢人，我們一起致富吧！」歌詞的嘻哈明星來說，Jay-Z的策略也呼應了克里斯·洛克這位喜劇明星曾提出的財富接棒公式：沃爾瑪的老闆藉由建立新的沃爾瑪，將財富傳承下去，而不是隨意揮霍現金。

「股東權益……真的很重要，我不光只是從金錢的角度這樣說。這是個開放邀請的平台，所有加入的藝人都將參與到股價上漲的光景。這一點很重要，因為大家參與了這個過程而真正成為一位股權擁有者、有了董事會席次。這是相當不同的商業參與方式。」Jay-Z說。

當投資家，表現似乎比當音樂家好

正當蕭恩·卡特（Shawn Carter，Jay-Z的本名）忙著對抗Spotify時，另一位在音樂產業舉足輕重的卡特——特洛伊·卡特，也在丹尼爾·艾克的串流公司裡找到立足之地，他擔任該公司的全球創意服務主管。但他必須先被瓦拉赫說服，相信Spotify的價值。

兩人最初是在2008年，索蘭芝·諾利斯（Solange Knowles，碧昂絲的妹妹）的22歲生日宴會上相識，當時切斯特·法蘭奇樂團表演了一段節目。卡特對瓦拉赫印象深刻，因此隔年帶著他的樂團跟著跑女神卡卡的巡迴演唱會。後來，瓦拉赫帶卡特到洛杉磯健行，那時卡特對他透露出自己看待Spotify的矛盾複雜感受。當時卡特還擔任女神卡卡的經紀人（他們在2013年分道揚鑣）。

「我和特洛伊在兩小時的健行裡進行深入辯論。到最後，特洛伊姑且認同Spotify想要做的事。」瓦拉赫說。

卡特對Spotify的疑慮，主要在於是否有能力取得全球音樂界的授權許可，畢竟這大多取決於幾大唱片公司主管的一時好惡。等到卡特知道這些唱片公司都參與了，他也就跟著參與，甚至投資這家公司。他愈是了解艾克，愈發現自己認同Spotify創辦人對音樂產業未來發展方向的見解。卡特很快就接到其他經紀人的電話，對於將旗下藝人送上平台心存疑慮，但卡特的心態早已與先前不同，使他成為該公司強而有力的傳道者。2016年，卡特開始任職於Spotify。

「那是一個對音樂人來說相當難得的機會。能反過來在一家原先從音樂人身上獲益的公司獲取價值，我認為這對所有歌手來說，是個很棒的機會。」卡特如此談論串流服務。

這個成功致富的機遇不限於音樂人。吹牛老爹將瓦拉赫引介給柏考，促成他與A級投資公司共同創辦人一起投資。庫奇很快就擠入Spotify的核心圈子，與艾克成為好友並連連提供點子。庫奇是忠實的Spotify用戶又酷愛慢跑，他提出沒辦法用智慧型手錶聽音樂的問題。

「我打電話給丹尼爾說：『老兄，幫我開發一個應用程式裝到我的智慧型手錶，讓我能藉由藍芽（耳機）用手錶離線聽Spotify。』我們試圖想出個解決辦法。」庫奇回憶道。

瓦拉赫的出現，像是內容與科技之間另一個有用的導管，幫Spotify做到Napster做不到的事：說服許多音樂人，尤其是能夠用口頭抱怨或法律訴訟、徹底搞垮這項服務的高知名度音樂人（當然，許多音樂人至今對Spotify的模式依然心存懷疑，但不足以徹底打擊這項服務）。

另一方面，瓦拉赫也是另一個證明不必是億萬富豪創投家或超級巨星級的名人（或其經紀人），也能在這樣的行動中摻一腳的例子。在這過程中，他開始建立自己的投資方法，其中包含一系列的步驟。首先，他會深入鑽研他考慮的每一家公司，盡量徹底了解公司經營的市場，避免那些他無法理解的商業模式。而如果是引起他興趣的公司，他就會花時間跟管理階層交談，和競爭對手聊聊，研究他們的財務模型，有時也建立自己的財務模型。

「你得了解不同的投資工具，如他們給你的投資人權利和優先清算權（liquidation preference）各代表什麼意義，以及在不同情境下會發生什麼情況。」他說，「這都是你能不能拿回資金、能不能獲得回報，還是被徹底洗出去的關鍵。如果你對這些事情毫無所知，那麼可能就非常容易被騙了。畢竟有太多滿口天花亂墜、坑蒙拐騙之徒。」

隨著時間過去，他在投資上所投入的時間愈來愈多，花在音樂上的時間則漸少。切斯特．法蘭奇樂團在2012年發表最後一張專輯，卻未能登上排行榜單；而瓦拉赫備受好評的個人專輯《時間機器》（*Time Machine*），在2015年也慘遭相同命運。「他是個多才多藝的人，正好也是個音樂人。他當投資家的表現，似乎比當音樂家好。」奇斯克說。

瓦拉赫的好友柏考似乎也贊同這點。這位億萬富翁一直在逐步減少他在A級投資公司與歐希瑞和庫奇所進行的投資活動，並試圖另尋其他管道在新創界投資，於是他給瓦拉赫打了通電話。2015年，這兩人成立一家投資公司Inevitable Ventures。瓦拉赫從此受到比Spotify更加隱密難解的事業所吸引，其中包括Glympse Bio，一家從麻省理工學院分割獨立的公司，利用先進感應器進行早期疾病檢測；以及8i，建立用於擴增實境和虛擬實境的人類全息圖。

另一方面，瓦拉赫更藉由讀了托瑪．皮凱提（Thomas Piketty）的《二十一世紀資本論》（*Capital in the Twenty-First Century*），不禁開始思考當代的藝人一雇主的商業模式。瓦拉赫說：「他的基本論點是，你在資本主義中所看到的不公平，是因為資本報酬率比勞力報酬率高出許多，且資本報酬率的成長會隨時間而增加更多。換句話說，隨著時間推移，財富已變成比過去更重要的資產；相對地，勞力則變成價值較低的資產。而我目前還在一段從勞動者邁向資本家的過程中。」

好像這筆投資毫無風險

正當我和瓦拉赫在他的客廳為這次訪談收尾時，他告訴我為什麼他傾向跟著柏考投資，而不是他幫忙帶進Spotify的歌手們的另一個原因。瓦拉赫確實樂於幫助藝人們獲得股票，但他觀察到在創意與資本的交集之中，有個令人不忍卒睹的部分，他將之比喻為就像有位非常喜歡在《辛普森家庭》（*Simpsons*）卡通中，擔任兒童節目主持人角色的小丑阿基（Krusty the Clown）的粉絲跑到了拍攝後台，卻發現他香菸抽個不停。

「所有我真正敬佩的藝人，都被拉進這個金錢的深溝裡了。這些人是我的偶像，他們本該像是存於這個虛無縹緲的純藝術虛幻空間。然而現實狀況是，雖然他們是藝術家，但他們也同樣地活在實際的經濟結構中，而他們必須生存。所以，他們必須考慮金錢，就像世上所有人一樣。看到他們為這種事汲汲營營，不禁讓我覺得難過。」瓦拉赫說。

就像瓦拉赫所觀察到的，渴望將新創公司當成投資標的的想法，在經濟衰退觸及低點後的牛市中轟然回歸。由於全球的政府都維持利率低檔，以提振起初看似脆弱的復甦，於是股價飆升至新的高點，導致許多富裕投資者——包括個人及俄羅斯、中國、沙烏地阿拉伯與其他政府——藉由在創業基金中投入資金以尋找價值。

這些投資不限於常見的灣區可能對象。日本創投巨擘軟銀（SoftBank）為旗下的願景基金（Vision Fund），從沙烏地阿拉伯政府籌募到450億美元；沙國一直積極尋求其他投資新創公司的途徑，只是大部分矽谷公司不會公開透露他們的資助者。有些公司甚至不接受美國公共退休基金的投資，大概是因為法規規定必須連帶揭露其他投資者的資訊，而許多公司不喜歡公開。

無論如何，資本的流入促使創投資金對投資標的之需求，超越了真正有價值的投資之供給。「相對而言，這讓創業家的權力和地位皆高於投資者。除了像紅杉資本及安霍創投這種舉足輕重的公司，權力動能從『我們是小型新創公司，我們非常幸運能讓艾希頓·庫奇在Twitter上提及我們』，轉變成『嘿，傑瑞德·雷托，如果我們讓你投入資金，那是因為你運氣好』。好像這筆投資毫無風險一樣，真是荒唐！」瓦拉赫說。

因此，優秀的新創公司對於提供免費或打折的股票，變得更加不樂意。不過基於早期巨星天使投資人所奠定的基礎，精明的娛樂界人士們持續不斷地尋找好的新創公司——有時他們也創立自己的。

Chapter 8

明星成立的
新創公司

2013年初，28歲的創作歌手傑克．康特（Jack Conte）終於決定，將他想了一輩子的東西組織成一支音樂錄影帶。他在灣區長大，是《星際大戰》（*Star Wars*）的狂粉，曾在一個夏天看了系列電影72次。如今他成年了，打算重新打造韓．索羅（Han Solo）的千年鷹號（Millennium Falcon）駕駛艙，給他的電子樂曲〈踏板〉（Pedals）當影片背景。

康特先將影片從頭到尾都做成分鏡腳本，他招募兩位發明家——一位美國青少年天才和一位英國中年工匠，帶來他們的創作品（一個黑色蜘蛛狀機器人，和一個沒有身體的電子人頭）與他共同主演。接下來，就是千年鷹號了。康特在eBay買了1000個墊圈，又在建材零售商家得寶（Home Depot）買了150片壁板。在連續工作55天又16個小時的過程中，他親自幫每一片壁板噴漆，並一一鎖上螺帽。等到他和機器人同伴錄製影片時，他已經花了1萬美元，耗光積蓄並刷爆兩張信用卡。

這些付出沒能為康特帶來回報。在YouTube累積到200萬瀏覽次數後，影片為他帶來的廣告營收還不到1000美元。換句話說，傳播內容的方式比從前更多，但變現獲利的手段依然少得可憐。康特的這段經驗，啟發他後來創立Patreon，一個音樂人、作家、播客主持人及其他各式各樣的創作者，對贊助者發表計畫的平台，贊助者保證每月支付創作者指定金額，或按照每件作品支付。Patreon只收取5％的分成，外加一筆處理費，這通常讓習慣與YouTube分享微薄廣告總收入的創作者——像康特的〈踏板〉一樣——感到心滿意足。

「這就是開啟Patreon創立的影片。」光頭，但滿臉鬍鬚的康特在公司的舊金山總部說，他的千年鷹號再製品至今仍駐留在此。「我認為辦公室有那組作品來紀念我們的緣起會很酷。我們在這支影片投入的所有努力與心血，和我因此得到的報酬，兩者間有詭異的落差。這是Patreon為何存在的重要原因。」

康特開始成為一位創作者的時間，比他擔任科技公司執行長還要早上許多。他6歲開始彈鋼琴，而且勤練不輟，大學畢業後進入一個運氣欠佳的流行樂團，後來與現在的妻子娜塔莉・道恩（Nataly Dawn），在2008年組成Pomplamoose合唱雙人組。他們一起翻唱從碧昂絲的〈單身女士〉

（Single Ladies）到伊迪絲・琵雅芙（Edith Piaf）的〈玫瑰人生〉（La Vie en Rose）等流行歌曲。他們自己動手製作古怪多變的影片，在YouTube累計數億瀏覽次數，但獲利不多，至少在成立Patreon之前。

為創立這家公司，康特在推出〈踏板〉之後找來史丹佛大學的室友——程式設計師兼創業家山姆・任（Sam Yam），在14張A4紙上草擬出這個構想。Patreon在2013年問世後的兩周內，康特的音樂錄影帶月收入就從200美元快速增加到5000美元，因為許多用戶紛紛註冊，願意付錢給他和其他創作者，表示贊同與支持公司成立的理念。到了2018年，Patreon從200萬個月活躍贊助者獲得約3億美元年營收，公司再回饋給社群中的10萬創作者，並計畫2019年從300萬贊助者獲得5億美元營收，然後分配給創作者。

創作者順利獲得個人資助的同時，康特也向矽谷取得供應Patreon本身營運的資金，最後籌募到超過1億美元。康特是為自己的公司籌募到九位數資金的少數演藝人士之一，而設法建立的平台又能提升創作者的潛在收入，更是鳳毛麟角。另一方面，該公司所走過的路也是少數可提供寶貴教訓的例子之一，證明了成長必伴隨危險，以及隨著籌募大量現金而來的意想不到之兩難困境。

幫明星取得股份的經紀人

正當康特創立Patreon，許多業界老將開始看到創作者擁有企業的價值，如連續創業家亞當・利林（Adam Lilling）。

利林原先是唱片公司高階主管，2010年代初期在南加州創立新創公司加速器Launchpad LA，他開始花時間和娛樂界頂尖經紀人及律師交流，提議免費給他們做有關新創公司業界的培訓。他的報酬是：一個有著充足人脈的名片盒，幫助他在2013年成立Plus Capital，致力於媒合明星與新創公司。「有些人一天所造成的變化，比一些人一輩子做的還多，所以他們必須與資方和創業家結合。在好萊塢，名人身邊有個力場。能夠順利通過的人只有騙子和瘋子，以及髮型師的好友的表弟。」他說。

像利林那樣的人，他們的商業模式提供一個簡單的另類選項。他串聯名人與希望設法提高公司知名度的新創公司創辦人，安排股權交易，並從中為Plus Capital取得分潤；唯有明星加入了，該公司才能取得報酬。名人長期以來都聘請經紀人安排演出或出書，所以，為何不能有個經紀人是代為取得新創公司的股份？或許有部分是因為這類似演藝圈中的經濟操作，且與艾倫・狄珍妮成功達成合作也獲得一種正當性，因此利林發現要吸收其他娛樂圈人士是相對容易的。

在公司創立初期，利林的重點放在確立「代言換股權」的模式。對這種安排抱持懷疑論者，總是義正詞嚴地宣稱明星通常會協商出他們能拿到的最多股權，但換來的卻是他們貢獻最低度的心力。畢竟光是名人在一家公司持有股份，不代表他們就會真的為該公司進行宣傳與推廣。而利林提倡的協議，是包含承諾付出——他找的明星，通常要允諾做到最低程度的社群媒體宣傳。

「那和傳統代言是一樣的做法。你不是給了50萬美元卻讓他們什麼都不用做。你這麼做的原因是因為他們得發文四次，或是做點什麼。」Plus Capital合夥人亞曼達・葛洛夫斯（Amanda Groves）說。

只是隨著時間過去，明星即使擁有公司的股份，也漸漸地不太願意為他們的社交流量灌注置入性行銷。知名的娛樂界人士仍有另一個選項：創立自己的公司，但未必要像1990年代的做法，當時的企業似乎都與名人本身密不可分，就像瑪莎・史都華的月刊《瑪莎生活》（*Martha Stewart Living*）和吹牛老爹的服飾品牌Sean John。

新一代的公司，比較不受幕後的藝人影響。於是利林善加利用這股新趨勢，建立另一個事業部門Plus Foundry，用以協助名人創辦公司。舉例來說，Plus Capital和搖滾樂團帕拉摩爾（Paramore）主唱海莉・威廉斯（Hayley Williams）合作，創辦無動物實驗的染髮品牌Good Dye Young。該品牌在2016年推出後，不到一年半就成了連鎖美妝店絲芙蘭（Sephora）的銷售台柱。

不過發揮最大影響力的，未必都是最有名的人，就像威廉斯和康特，在創立自己的事業前，只能算是音樂圈中龐大的中產階級一員；潔西卡・艾芭也一直在低成本電影圈中磕磕絆絆前行，尋求更好的機會。誠然，她有很多工作，但大多都是低俗的浪漫喜劇，以及不怎麼驚悚的中等預算驚悚片。光是2010年該年，艾芭就在五部電影裡出演，但只有一部在影評網站「爛番茄」（Rotten Tomatoes）獲得觀眾的總體正面評分（根據網站資料，她最差的一部是《愛的神奇符號》〔*An Invisible Sign*〕，連一篇正面影評都沒有）。

艾芭的事業軌跡變化，要感謝一堆嬰兒連身衣。在2008年生下第一個孩子前，她在產前派對裡收到嬰兒連身衣禮物，但清洗那些衣服後，她卻爆發了蕁麻疹。艾芭決心要找出不會讓孩子出現同樣反應的清潔劑，卻遍尋不著。隨著她研究家用品，卻發現許多常見產品，充斥可能有害的化學物質。受到啟發的她成了專家，甚至在2011年前往華盛頓，倡議立新法取代1976年的《毒性物質控制法》（Toxic Substances Control Act），該法案允許家庭用品可殘留約8萬種未經測試的化學物質。

「得等到有人因某種成分或化學物質而生病或死亡，那些產品才會撤出市場。身為現代人，我覺得我的需求沒有獲得滿足。」艾芭在2015年時說。

艾芭的解決辦法是：創立「誠實公司」，銷售強調成分是友善環境、無有害化學物質的日用品。艾芭的丈夫，創業家兼電影製作人凱許．華倫（Cash Warren）將她介紹給線上法律服務公司LegalZoom共同創辦人布萊恩．李（Brian Lee），並與另外兩位共同創辦人合作，協助為這家新創公司的種子輪籌募到600萬美元。2012年是誠實公司開始銷售產品的第一年，該年營收達到1000萬美元。

在初衷與獲利之間

艾芭很快就得和領域裡的現有巨頭競爭，就像康特一樣。對Patreon來說，那些大型競爭對手包括群眾募資先驅，如Indiegogo、GoFundMe以及Kickstarter，都比Patreon早出現[1]（當中最有名的是Kickstarter，投資人包含庫奇，只不過是以迂迴的方式投資：他堅持拿A級投資公司的一些資金，投入億萬富豪克里斯．薩卡的Lowercase Capital，而後者在Kickstarter於2009年創立後不久便投入）。

但Kickstarter是針對具體計畫進行群眾募資的服務。

1　作者註：或許有人主張，群眾募資可追溯到許多世紀以前，從戰爭債券到訂閱型叢書皆是。

Patreon的目的，則是持續性地支持從音樂人、插畫家到YouTube網紅等個人，成為從播客、網路漫畫、寫作、動畫等一切事物的大本營，同時又有正面適度的活潑形象。康特充當這家新創公司的創意靈魂，山姆・任則專注在居中連結Patreon和第一批投資人——主要是矽谷常見的那些可能對象。雖然他們為Patreon籌募到九位數資金，康特一開始其實不想超過70萬美元的；他的資助者之一說服他，將數字推高到200萬美元。「這樣一來我們就可多聘請一些人，也能多犯幾次錯。」康特說。

康特拿出製作音樂錄影帶時自己動手做的那套，用在Patreon。該公司的第一個辦公室，就是他住的兩房公寓；白天時，他的早期員工會過來在客廳裡工作。不過對康特來說，增加大金主讓事情變得錯綜複雜。他堅持Patreon維持對藝人收入的5%分成（外加處理費），即使潛在投資人要求向上調整，康特回憶：「有人就說：『嘿，聽著，如果你不調整比率到15%或20%，那我們就不跟你合作了。』所以，我們後來就不跟那些人合作。」

他的一些投資人似乎就像現代版文藝復興時期的藝術贊助人，康特主要將他們的贊助，透過群眾募資匯集起來，進行再創作。舉例來說，「指數風險投資公司」（Index Ventures）的丹尼・瑞莫（Danny Rimer）——Patreon與Dropbox等公司的早期投資者——是舊金山現代美術館（San Francisco Museum of

Modern Art）前理事。康特還記得走進他家時，發現裡面塞滿雕塑和世界各地的攝影作品。

指數風險投資公司主導Patreon在2014年的1530萬美元A輪募資，康特很快就找到一個體面的辦公室。加入的灣區投資者包括羅恩・康威的矽谷天使投資公司，以及好萊塢創意家經紀公司與聯合人才經紀公司（United Talent Agency，UTA）的創投部門。儘管所有投資者都如理想般帶來的不只是資金，但後兩者帶來的，還有一種迥異於傳統創投公司的人脈。

「他們一直在尋找方法，協助旗下創作者和藝人賺錢。他們明白現在是新時代，廣告營收無法成功解決問題。他們和成千上萬創意能量驚人的人才有交情，這對我們來說很重要。這感覺像是天作之合。這些年來，我們一直維持關係，尋找我們可以合夥的方式，以幫助他們的創作者，以及符合他們的需求。我們現在是一家科技公司。」康特說。

當然，康特也有自己的人脈，並且善加利用來招募音樂人，像是以雙人表演組合德勒斯登娃娃（Dresden Dolls）成員之一而聞名的阿曼達・帕爾默（Amanda Palmer）。隨著她發表個人作品，也成為藝人在Kickstarter籌募到全額資金的最早範例之一：為一張專輯籌募到120萬美元。但對她來說，那基本上是她前往下一個群眾募資家園Patreon途中的一次賠本買賣。

帕爾默於2015年在康特的平台上發表第一首歌：〈Bigger on the Inside〉，在YouTube也可免費收聽。她設定1美元、3美元、5美元、10美元、100美元以及1000美元逐步上升的打賞級別。最高兩級包括個人通信，因此她設定上限分別為30人和5人──幾乎是立刻銷售一空。總計她這首歌籌募到約25000美元，而那只是起點；到了2016年，她在網站上每年可從8500多位贊助者，獲取超過15萬美元，三年不到就讓聽眾翻倍。

「重點不在賺錢，而是在於創造一個可長可久的環境，讓我可以用非商業營利的方式發展。我不用把靈魂賣給企業。我的作品不必妥協。這就是最大的勝利。」她說。

隨著Patreon成長，康特發現他也在努力解決所有產業創辦人都要面對的常見問題：聘新員工、解雇不適任的老員工、讓用戶滿意、在擴張的同時也不破壞公司最初為人稱道之處。在他學習當個高階主管時，身為藝人的經驗也派上用場。

「從創作者變成高階主管，那絕不容易。但總得要有人深入了解你的顧客。至少對我來說，我覺得自己對這些創作者們有責任，許多人使用Patreon，他們當中有很多是我的朋友和同行。我非常在乎他們。」他說。

她也是一個公司創辦人

隨著艾芭的誠實公司不斷成長，她決定擴張到每個年輕家庭都需要的一種產品類別：尿布。只不過要和像寶僑（Procter & Gamble）之類的行業巨頭競爭，需要更多資金，於是她向矽谷求助。

艾芭在光速創投找到盟友，光速先前曾與安霍創投一同挹注金・卡戴珊的時尚訂閱服務ShoeDazzle。雖然ShoeDazzle的估值一度衝高到2.5億美元，最後卻與競爭對手合併，且據說在這場交易中，給該公司的估值僅約3000萬美元。ShoeDazzle未能發揮超級巨星的潛力，部分原因在於：卡戴珊似乎成了依附於該公司的名人，與建立公司的名人如艾芭，正好相反。

「潔西卡每天都進辦公室，這是她的公司。那是她的構想，這確實有很大的影響，她用一件事建立起這個社群。」光速創投的傑瑞米・劉（Jeremy Liew）說。

早在2006年成為光速創投第一位消費專家之前，傑瑞米・劉於1990年代中期，就從「在城市搜尋」（Citysearch）銷售網站起家，後來去了安德森的網景。傑瑞米・劉目睹矽谷在第一次網路泡沫之後，漸漸偏離以消費者為導向的業務；當他在光速創投出發時，電子商務似乎相當冷清。但在這中間的十年，很多事情已經有了變化。創立公司的成本急劇下降

（按照傑瑞米・劉的說法，達到約90%），而像Facebook這種很快就成為龐然大物的公司開始全速發展，為知名的創作者提供曝光管道，進而成為公司的顧客。

「一直以來，電子商務新創公司確實只有在具備可規模化、可重複的顧客取得管道，才有機會成長。通常會有個大約三至五年的短暫期，漸漸地隨時間過去，就能有效率地定價。」傑瑞米・劉說，意指像艾芭等明星獲取龐大追隨者的社群網路。

傑瑞米・劉後來加入妮可・奎恩（Nicole Quinn）的光速創投，奎恩原先是摩根士丹利（Morgan Stanley）的零售分析師。他們欣賞從艾芭及誠實公司看到的潛質，於是光速創投在2012年與另兩家公司合作，領投誠實公司的2700萬美元A輪融資。到了2015年，該公司已募資超過1億美元，營收達1.5億美元，估值快速接近10億美元——同時艾芭本身也成了百億富豪。

兩年後，奎恩和傑瑞米・劉與光速創投的兩位同事，連袂出現在Apple TV的第一個原創節目，一個稱為《App星球》（*Planet of the Apps*）的新創公司競賽，節目標榜有四位大咖裁判組成的評審小組。艾芭貢獻她經營誠實公司所累積的專業知識；知名創業家蓋瑞・范納洽（Gary Vaynerchuk）則提供他將自家酒類販售小店，發展成價值6000萬美元酒類電子商務網站的經驗。黑眼豆豆的Will.i.am帶來從身為如

Beats等新創公司的利害關係人，點滴累積而來的精闢見解；知名演員葛妮絲・派特洛則分享自己建立新創公司Goop得到的啟發，Goop從一個每周發布一次的電子報網站，發展成提供如健康食品、護膚霜、健康建議等包羅萬象資訊的生活風格平台公司。

在這部共十集的競賽節目中，參賽者們有60秒可講述他們打造的應用程式優點。優勝者們將從四位評審中挑出一人當自己的導師，之後將他們的創意帶到光速創投，獲得一次募資機會以及在Apple store的重要位置。節目雖然只有播出一季，但也讓不少評審與參賽者之間建立珍貴的商業往來關係，如虛擬購物中心應用程式Dote的創辦人蘿倫・法莉（Lauren Farleigh）。這在矽谷的環境中彌足珍貴，因為矽谷缺乏女性創辦人，在尋找曾面臨類似挑戰的導師時，可能就會導致選擇有限。

「她們依然會碰面、打電話，而且蘿倫很重視聽取葛妮絲的觀點。不僅因為她是名人，還因為她也是一個公司創辦人。」奎恩說。

派特洛也從這次經驗獲益匪淺。在與傑瑞米・劉、奎恩以及在《App星球》的同行結識後，她找了光速創投，擔任Goop的5000萬美元C輪融資之領銜投資人。「在發起募資時，葛妮絲・派特洛的身分確實大有益處，因為大家會來參加會議，但不代表我就不會被拒絕投資，畢竟他們都是很實際的人。所以如果你的事業欣欣向榮，而且公司看起來運作得不錯，那事情就比較容易了。」派特洛說。

奎恩將該公司最初的成功，歸因於派特洛有辦法讓人覺得，Goop商店裡所販賣的商品，必定就跟她自己的家一樣：消費者只要購買幾件商品，也相當於彷照她的生活方式。無論如何，**明星成立的新創公司，似乎往往更能引起消費者共鳴，勝過用傳統代言合約推銷產品**——不管是在電視還是在Instagram進行。

「沒有人相信老虎·伍茲是做了詳盡的查核，才認定對高爾夫球選手來說，勞力士是全世界最理想的手錶，所以他才接受讓勞力士贊助。葛妮絲多年來將Goop發展成展現她個人的興趣以及生活品味的地方，非常明顯就是充斥她的個人色彩。而誠實公司之於潔西卡，也是一樣的情況。」傑瑞米·劉說。

按照傑瑞米·劉的看法，他認為在事業創辦人和演藝人員之間，有一塊細小的重疊區。以他和艾芭合作的經驗為例，那與不出名的創辦人合作的經驗並沒有太大差別：都一樣是坐在會議室裡審視簡報投影片。而且就像其他大部分創業家，艾芭是從經驗中學習的人。「除非以前曾經是事業創辦人，否則就必須教導他們要如何當個創辦人。那是必須的。」他說。

現在非常好，不要毀了它

另一方面，在Patreon創立的幾年內，幾位最被看好的創作者，都找到方法於平台上每月賺進數萬美元。有更多贊助者，意味著創作者就能擁有更多錢，但對康特來說，也意味著更多麻煩事。他說：「公司擴大規模的速度讓我感到奇怪。公司就像是瞬間規模擴張了，於是為了跟上大量顧客和支付的需求，就必須以空前速度增加員工。」

隨著Patreon成為主流，該公司也開始被某些有心人士鎖定。2015年秋天，有員工發現駭客取得許多用戶的姓名、電子郵件以及郵遞地址。這起事件令康特大為震撼，並導致公司多了一筆額外支出，包括聘請資安公司進行稽核，以確保行業領頭羊所該有的安全保障。

除了安全威脅，Patreon還面臨資金充足的競爭者挑戰，包括Kickstarter，在2015年推出新功能Drip——讓創作者以類似Patreon的方式，持續收到資助。同一年，康特的公司收購Subbable，那是一家由YouTube網紅創立、類似Patreon的影片訂閱服務。交易條件並未披露，但Subbable為Patreon當時總數約25萬的訂戶，增加了約4萬訂戶。

為支應這些積極作為，Patreon一再找上矽谷的資助者。該公司在2016年的B輪融資，籌募到約3000萬美元；隔年的C輪金額翻倍，總融資金額超過1億美元，據說該公司的價值約在4.5億美元之譜。

公司擴張給康特帶來更多必須做出艱難決定的時刻，而且他做的決策顯然未必都是正確的。比方說2017年12月的第一周，Patreon變更了收費結構。雖然公司抽成的比率維持在5%，卻將額外的交易處理費從2%至10%的浮動範圍，改為固定的2.9%，外加0.35美元的均一費用。改變是為了精簡Patreon的流程，並且更方便款項計算，但這項決策卻導致一片譁然，尤其是仰賴1、2美元打賞的創作者。不到一周，康特就撤銷決策，並向用戶道歉，承諾會想出更好的替代方案。

「在我心中，傑克依然是那個決心成為執行長的藝術家朋友。我敬重他為大家承擔起這些，並為這艘船掌舵，但我也知道一家成功的企業，與一件成功的藝術品所帶來的報償是不同的，而我比誰都理解那種兩難。所以，我偶爾打電話給他、給他擁抱，並感謝他為我們所有人所做的一切。」帕爾默說。

康特對於自己所扮演的商業面角色，似乎顯得更加從容自在了。舉例來說，在C輪融資過後不久，有個團隊想建立一種方式，希望能更有效率地挑選與整理Patreon的新簽約創作者；最有潛力的創作者會被加以標註，並聯繫給能擴大宣傳他們發表內容的團隊。康特並不覺得這真的有幫助，還下戰書要該團隊證明他錯了。

「果然，他們能夠篩選新進的簽約情況，並與銷售業務團隊、創作者團隊合作，協助找出真正厲害、能在平台發展起來的創作者，之後或許還能幫助他們發展得更好。」康特說，「那一季結束，他們的成績超越目標。你只需要信任身邊曾有過這種成績的人就好。」

到了2018年，Patreon幾位頂尖創作者賺進超過10萬美元，不是每年，而是每月，其中包括：政治播客節目《Chapo Trap House》言詞尖酸的狂熱新聞評論者菲爾·德法蘭柯（Phil DeFranco），和線上娛樂公司Kinda Funny和Complexly。隔年，該公司宣布D輪融資6000萬美元，資金大多來自矽谷投資常客。有史以來第一次，這個團體還包含了創作者——包括喜劇演員漢尼拔·布瑞斯（Hannibal Buress）與以前衛搖滾樂團「墮落體制」（System of a Down）聞名的音樂人塞爾吉·坦吉安（Serj Tankian）。

康特不會自稱是近乎完美的高階主管，事實上他似乎比大多數人更願意承認過去的錯誤，和接下來的可能挑戰。比起指出他做錯了，更令他耿耿於懷的，是認為他做的所有不良決策，都是因為禁不住投資人的壓力所導致的結果，就像他做出收費結構調整時，某些人所暗示的那樣。然而康特宣稱，他的投資人其實阻攔他做出以商業優先的爭議決策。他說，他曾一度建議引進知名品牌，成為個別創作者的贊助者，但一名重要創投家卻叫他放慢腳步。「Patreon現在非常好，不要毀了它。」這位創投家說。

根據康特的說法，他的資助者並未給Patreon設定財務目標；該公司的目標反而是由他和團隊定下的。他認為財務上的成功以及控制公司命運的能力，與Patreon協助創作者獲取報酬的能力密不可分。

他說：「我不想把Patreon賣給YouTube。我不想走到因為耗盡現金或其他什麼原因，導致公司必須退場的處境。所以我十分關心Patreon是否走在穩健邁向獨立自主的道路上。對我來說，那代表未來會有首次公開發行，或是其他什麼目標，反正就是讓Patreon維持公司獨立的一條路。」

高商業價值公司的兩難困境

即使在執掌Patreon期間，康特仍找出時間創作。他每年製作出約100支音樂錄影帶，平均分配給Pomplamoose和Scary Pockets樂團，後者是他在2017年創立的放克樂團。每個月，他會在洛杉磯花一個周末的時間做音樂，例如翻唱搖滾樂團電台司令（Radiohead）的〈怪胎〉（Creep）這種特別琅琅上口的歌曲——Scary Pockets樂團目前在YouTube也有超過40萬訂戶。

他說：「要不是因為娜塔莉基本上等於Pomplamoose的執行長、Scary Pockets又幾乎是由我的好友萊恩在經營的話，我應該沒辦法當個每周有作品發表的創作者——不但能常發表內容，還依然待在Patreon。」

時常保持警醒非常重要，這是在Patreon遭駭和收費結構的反彈事件後，康特所學到的教訓。其他身兼老闆身分的演藝界人士，曾發生過的爭議甚至更嚴重：針對誠實公司曾爆發的一連串爭議，如該公司標榜的「誠實保證標籤」，最後結果是集體訴訟和解，以及該公司的衣物清潔劑更改配方，並主動召回幼兒濕紙巾與爽身粉；在這期間，該公司換上共同創辦人布萊恩．李（Brian Lee）擔任執行長，據說還在2018年失去獨角獸的地位。同一年，加州食品藥物醫療設備專門小組（California Food, Drug, and Medical Device Task Force）向Goop提出廣告不實訴訟，該機構認為Goop對旗下51項產品的說法不實，後來以14萬5000美元達成和解。[2]

Patreon、Goop以及誠實公司，是性質迴異卻都迅速成長為高商業價值的公司，但這些公司所面臨的兩難困境，也是許多資金充裕的新創公司從滿懷憧憬的年少，進入到尷尬青春期時所必須面對的情況：公司規模已經大到必需花上百億美元成本才能讓買家收購，所以投資人勢必很難從收購案中換得現金；它們最後不是成為持續獲利的不上市公司，

2　作者註：在這場訴訟中所提出的產品，包括像是一個售價66美元的「玉蛋」，使用方式是放進女性陰道中，據說是可提升女性的性能量。Goop在和解過程中不承認有欺騙行徑，但被迫削減廣告中關於產品有益健康的說法。

就是必須大到能公開上市。

在矽谷，假若一家公司創辦人籌募到1億美元，後來以2億美元將公司賣掉，如果投資人早已協商出有利的優先清算權，可想而知創辦人最後將會落得兩手空空。籌募資金太多——以及隨之而來的期待——是許多創業家親身實踐才能得到的教訓。但那是假設他們可以成功地做到退場。

「不管你是藝術家還是公司創辦人，如果你什麼都做不成，一切都像是一團混亂，這實在是他媽的太難受了。」康特說，「我想很多人都有那樣的經歷，可能會想著：『我猜我這件事沒有做對，我猜我應該乾脆放棄。宇宙在給我暗示，或許我該做點比較容易的事。』其實，你只需鼓起勇氣撐下去。」

在我們的訪談進入尾聲時，Patreon公司的背景音樂正好接連著是旅行者合唱團（Journey）的〈不要停止相信〉（Don’t Stop Believin’），與恰巴王八樂團（Chumbawamba）的〈群情激昂〉（Tubthumping，歌詞中有一句是「雖然我被打倒了，但一定會重新爬起來」）。科技平台執行長這個身分雖給康特帶來磨難，卻並未改變他的信念，他深信自己所肩負的使命，他用了一個比喻說明這點。

他說：「美術館的存在，是為了畫。美術館就是畫框，我認為Patreon和YouTube以及所有傳播平台也一樣。到最後，傳播平台來來去去，新的科技來來去去，但藝術會千年又千年地流傳下去，藝術是不會變的。總歸而言，藝術永遠是最重要的核心焦點。」

Chapter 9

就是要股票

托尼．岡薩雷斯熱愛起司漢堡。厚厚的切達起司上面再覆蓋一片培根，可幫助補進蛋白質以讓肌肉增長，也讓他14次入選美式足球NFL明星賽。所以得知他在退休後不久，就把資金投入植物蛋白質新創公司「超越肉類」（Beyond Meat），還真是頗出人意料的。同樣投資該公司的還有比爾．蓋茲、人道協會（Humane Society）、數家矽谷創投公司以及幾位知名運動員如俠客．歐尼爾、美式足球員德安德魯．霍普金斯（DeAndre Hopkins）和NBA球星凱里．厄文（Kyrie Irving）。

「因為我達到的運動成就以及在球場外的作為，所以我才能成為『超越肉類』的代言人。我希望運用我的知名度，成為讓公司爭取更多空間的人。」他在電話訪問中對我說。

對岡薩雷斯來說，這不過是在球員生涯開始邁向終點時，愛好的大幅轉變——包括對食物以及投資的潛在對象。

岡薩雷斯在讀過一本名為《救命飲食》（*The China Study*）的書之後，開始嘗試少吃肉，這本書提倡在飲食中增加更多水果、堅果和穀物，以取代動物肉。

另一方面，岡薩雷斯知道自己應該停止將資金投入不可靠的副業，才能讓自己在20多歲到30出頭這段時間所賺進的錢，能足夠終身所用。他其中一項投資：洗窗公司Xtreme Clean 88，被不適任的合作夥伴搞砸了。一家營養補給品公司All Pro Science似乎前景比較看好，特別是產品還進了全食超市，岡薩雷斯終於覺得自己成了一位合格的生意人。

「我會帶著一個公事包，但看起來其實還是挺和善討喜的！」他說，「我有個辦公室，我會在那裡面試人、解雇人，並審查產品。我還會撰寫產品評論之類的。我全心投入。」

但岡薩雷斯的生意卻倒閉了，因為製造All ProScience產品的公司Scilabs，據傳在產品中攙入不實成分而遭法院祭出停工處分。他說這件事後來花了他超過100萬美元，雖然對一個生涯賺進超過7000萬美元的運動員來說，這不算足以影響人生的損失，但也讓他更加深入地思考，為何運動員都那麼喜歡有風險的業外投資？

岡薩雷斯說：「我其實總是在想，要成為一位成功的職業運動員的機會實在很渺茫，但我們還是做到了。所以或許我們就有了一種心態，一種好像我們可以做到任何事的心態，而那就是為什麼有很多人會破產的原因。因為我們狂妄地認為我們可以，挑戰不可能。」

不過岡薩雷斯並未賠上他在NFL所獲得的一切，才終於在投資領域裡成功。他是眾多透過歐尼爾等人幫忙打開致富大門的大咖運動員之一。

不是代言，而是分潤

克里斯蒂亞諾·羅納度（Cristiano Ronaldo，C羅）號稱在Instagram、Facebook以及Twitter有將近5億追隨者，其中成員有：他開啟足球生涯起點的英國曼聯隊球迷；他巔峰時期的母隊，西班牙皇家馬德里隊的忠實球迷；以及後來加盟的義大利尤文圖斯球隊的支持者。但他的第一個線上支持者，是大西洋彼岸一個留有鬍鬚、沉迷棒球的耶魯畢業生。

「是我為他建立Twitter和Facebook帳號。我到處跟人說，我是他的頭號粉絲。」現年30多歲的創意家經紀公司行動部門主管麥可·布蘭克（Michael Blank）說。

2010年時，布蘭克為一家代表C羅的公司工作。布蘭克的任務是，在那一年的世界盃舉辦之前，幫這位足球明星增粉。這意味著要設法取回已經被人占據的社群媒體用戶名稱，為C羅創建帳號，並建立一條直通粉絲的線路。在布蘭克推展這項工作時，他決定轉換到創意家經紀公司工作，在那裡他不僅可以協助「不好笑毋寧死」團隊的主要成員麥可・亞諾佛的業務發展，還能幫其他運動員和演藝人員將這些新的宣傳管道變現獲利。

蘋果的App Store當時還在草創時期，和運動領域相關的產品還比不上早些年以明星為號召代言並精心製作的桌機遊戲，如肯・葛瑞菲（Ken Griffey Jr.）代言《火爆美國職棒》（*Slug Fest*）以及麥克・泰森（Mike Tyson）代言《拳無虛發》（*Punch-Out!!*）。創意家經紀公司有機會讓一些客戶在手機遊戲掛名，並讓其真正流行普及，於是熱愛棒球的布蘭克，開始把目光放在明星捕手巴斯特・波西（Buster Posey）身上。2010年代初期在這些手機遊戲掛名代言的球員，以此方式換取後續的報酬，而非如同過去那樣先收取一筆幫遊戲代言的預付金。為能在短時間內創作出一款量身訂做的遊戲，創意家經紀公司與一位只知其名的開發者合作：傑夫（「就這樣，句號，結束。」布蘭克說）。傑夫就在加州聖塔莫尼卡的一個共同工作空間裡作業。

和「不好笑毋寧死」的情況差不多，他們其實沒有經費。當他們想在遊戲中加入一個如同連環漫畫式的介紹：打開一個玩具箱，拿出棒球手套，走到後院。他們唯一負擔得起的畫家遠在南非，且對方堅持以火柴人實物模型進行，所以布蘭克最後只好自己動手畫。在他沒有忙著當業餘畫家時，布蘭克會帶上幾袋垃圾食物，開車去聖塔莫尼卡，給傑夫加油打氣。

這款遊戲大約在2012年的職棒大聯盟全明星賽期間上線，當年波西也繳出他在舊金山巨人隊的最佳賽季表現，於是原本就容易接受新科技的母隊球迷，紛紛下載這款名為《強打巴斯特》（*Buster Bash*）的手機遊戲。「我們推出遊戲，而後在接下來的五天，他大概擊出四發全壘打。」布蘭克說。他還提到，每次波西又擊出全壘打，「所有報紙就開始用『強打巴斯特』這個詞。」——這位明星捕手替這款遊戲創造大量免費宣傳。

波西並非唯一在球場外獲得成功的創意家經紀公司旗下運動員。在經歷Scilabs公司摻假事件後，岡薩雷斯決定穩扎穩打，堅持從股票和債券獲取每年個位數百分比的報酬率，直到他隸屬創意家經紀公司的經紀人找他，談起一家名為FitStar的公司。就像1990年代VHS錄放影機興起，帶動健身錄影帶廣為流行一樣，二十年後出現的FitStar，則企圖藉由創造出一款適用於任何螢幕的健身應用程式，徹底改變這個產業。

當時，由曾任職網路公司美國線上（AOL）的麥克．梅瑟（Mike Maser）所帶領的創始團隊，只不過是有個構想和一張PowerPoint簡報。這個團隊付不起一份還可以的代言合約，但他們提出「分潤」這個誘因吸引岡薩雷斯。雖然那是他在NFL打球的最後一年，但那次勝利的繞場慶祝卻相當轟動，且獲得的媒體關注甚至超乎他原來的預期；他似乎已經安排好在退休後擔任球賽播報員的工作，即使離開球場也能繼續在螢光幕出現。

FitStar起初會吸引岡薩雷斯，是因為他不用投入一毛錢。他加入公司的董事會；沒多久，他就給出了關於產品的意見回饋，甚至在應用程式平台上錄製訓練影片。隨著他對梅瑟的印象漸趨深刻，等談到利潤的分額時，岡薩雷斯改變心意了。

「我跟麥克走得更近了，我看著他如何經營公司，表現又是多麼出色，所以我說：『麥克，你不用付給我一毛錢，因為我想把那些錢也全部投入公司。』」岡薩雷斯說。

岡薩雷斯做出一個明智的抉擇。2015年，來自舊金山的穿戴式健身裝置巨擘Fitbit，以千萬美元買下FitStar，其中多數是以Fitbit股票的形式支付。創意家經紀公司再次賺到錢，而岡薩雷斯收穫的成果也相當豐碩。雖然他不願透露明確數字，但暗示獲利達七位數之多，這數字比他打球生涯的前五年賺得還多。

「就和所有事情一樣，在一開始做的時候都感覺糟透了，至少我是這樣的。要花一點時間了解清楚，但是等弄明白了，就盡量堅持那套公式。」他說起挑選新創公司。

有生以來開過的最大張支票

1981年的NFL冠軍賽剩下不到1分鐘，明星四分衛喬·蒙塔納率領的舊金山四九人隊，看來贏球的機會相當渺茫。他們落後勢如破竹的達拉斯牛仔隊六分，此時這位明星四分衛轉到右側，後面有一堆後衛對他緊追不捨，包括身高205公分的艾德·瓊斯（Ed Jones）。但蒙塔納保持冷靜，用一個假動作先甩開瓊斯，接著一個螺旋踢，將球送上天空，飛向球門區最深處——球落在近端鋒德懷特·克拉克（Dwight Clark）伸長的手裡，四九人隊取得領先。

幸虧那如今在美式足球迷口中津津樂道的「那一接」（The Catch），舊金山四九人隊再度贏得超級盃，也讓蒙塔納朝著在NFL賽場上贏得四次總冠軍的紀錄，邁出第一步。他是有史以來首位獲得三次超級盃MVP殊榮的球員，且保持職業賽的傳球次數最多紀錄（122次）。但蒙塔納認為，後來的1986年傷癒歸隊，或許才是他最傑出的克服賽事壓力成就。就在手術修復背部椎間盤破裂的56天後，他對上體積大上他二倍的線鋒，並擲出270碼傳球和三次達陣，帶領四九人隊以43比17的比數，戰勝紅雀隊。

「我根本不知道自己是怎麼撐下來的。」蒙塔納說，他又繼續打球到1994年，「我體重掉了很多，剩下187磅（約85公斤），那對我來說真的、真的太瘦了。」

宣布退休後過了幾年，蒙塔納進入創投界。名人堂現在將他的生涯決策分成兩個領域：足球場以及投資場。他說自己在投資領域的關鍵時刻最佳表現，發生在幾年前有一次與舊金山的慈善圈好友、新創公司大師羅恩・康威的聚會。

「你先到這個房間等我，不要離開，我馬上就來。」康威對蒙塔納說完後就消失了。他幾分鐘後回來，說出來的話可被視為一個內幕消息、一個重大挑戰或者是一道命令：「你即將開出有生以來開過的最大張支票。」

「天啊，不行！」蒙塔納記得自己這樣說——後來又打定主意投入。「那是壓力最大的時刻，也是我開過最大張的支票。我不會告訴你支票金額，但很大。那次是要我投資Pinterest。」

大約是在2011年春季，蒙塔納在這家數位圖片分享公司被估值4000萬美元的A輪融資中，爭取到自己的參與機會。等到那年年底，A級投資公司與安霍創投也加入，將Pinterest的估值推上九位數（該公司後來達到「十角獸」（decacorn）地位，並於2019年4月首次公開發行）。[1]

對蒙塔納來說，Pinterest代表在充滿投資良機的生涯中，最理想的投資機會之一。

1　估值超過10億美元的新創公司被稱為「獨角獸」；而估值成功超過100億美元的新創公司則被稱作「十角獸」。

創投比職業運動更有利可圖？

蒙塔納還在打球時期，他的四九人隊友會交換對選股及房地產的看法。有些個性比較積極的運動員，會利用他們的球隊鄰近矽谷的優勢，特別是在退休之後。蒙塔納的兩位前隊友——防守後衛羅尼・洛特（Ronnie Lott）和進攻線鋒哈里斯・巴頓（Harris Barton）就創立一檔組合型基金（實際上就是提供給超級富豪的共同基金，投資組合包含由其他頂級公司操作的基金）。成立於1999年的「冠軍資本」（Champion Ventures）最初籌募到4000萬美元，直接投進像紅杉及格雷洛克等公司的投資池。蒙塔納在2003年加入巴頓與洛特；該公司後來改名為HRJ，代表這個美式足球三人組合的名字縮寫。

蒙塔納在2005年退出HRJ，花更多時間陪伴正在中學及大學開啟四分衛生涯的兒子納特與尼克。少了蒙塔納的前四九人隊夥伴們，表現也不像以前那麼好（接替他的史提夫・楊〔Steve Young〕，帶領球隊在1995年贏得一次超級盃冠軍）。雖然巴頓和洛特管理的資金，截至2008年有24億美元資產，客戶名單涵蓋從棒壇傳奇球星貝瑞・邦茲（Barry Bonds）到休士頓消防隊員救濟與退休基金（Houston Firefighters' Relief and Retirement Fund），但該公司採取的投資方式卻是風險高的非正統方法。大部分組合型基金會先向投資人籌募資金，再分配到公司，但HRJ卻是在收到資金前就進行資金配置。當金融危機期間信貸市場枯竭，HRJ無法履行承諾，眼看就要一路暴跌而落得破產收尾，2009年時總算有一家瑞士公司收購其資產。

另一方面，蒙塔納的兒子最後並未追隨父親腳步，成為NFL明星。正當納特評估其他職業生涯選項時，蒙塔納開始帶他跟著康威參加Y Combinator的活動。他們在那裡認識新創公司創辦人，蒙塔納父子會注意康威對創業家的態度。納特最後成了社群媒體監測新創公司Niche的早期員工；2015年，Twitter以千萬美元買下該公司。

大約在同時，康威建議喬創立自己的基金公司，一位友人將他引介給當時20多歲的耶魯畢業生麥可・馬。2011年時，麥可・馬將他創設的消費者回饋服務平台TalkBin賣給了Google。他們拉上第三位創辦人麥克・米勒（Mike Miller），米勒是Y Combinator校友，他的雲端服務公司Cloudant在2014年被IBM收購（納特・蒙塔納在Twitter待了一年多之後加入）。

「喬很欣賞我誠實坦率。我甚至清楚記得，他最初說：『嘿，也許這不是個好主意。』畢竟他光是自己管理少少的資金，就可以賺很多錢。但我們最後還是想嘗試一些稍微不一樣的東西。」麥可・馬說。

蒙塔納、麥可・馬以及米勒在2015年以試營運方式，開啟他們的初期階段合作，他們都不領薪水，想試看看彼此是否喜歡這樣的方式。他們很快就找到一個勝利組合：麥可．馬與米勒帶來他們的創業才幹及Y Combinator的人脈關係；蒙塔納則貢獻他因廣闊人脈而創生的商業直覺。於是他們創立Liquid 2 Ventures，調侃他們的投資明明缺乏流動性。

蒙塔納的整個職業生涯中，都有重要的灣區熟人邀請他加入前景看好的投資機會。舉例來說，紅杉資本的億萬富豪道格．李歐納（Doug Leone），是幾位在少棒聯盟（Little League）執教過蒙塔納小孩的矽谷大亨之一（「那些是你必須有的人脈。」這位四分衛說，「他們在當投資人時肯定比當教練的表現還要優秀，但沒關係，想想還挺有趣的。」）有一次，億萬富豪投資人、創投公司凱鵬華盈（Kleiner Perkins）董事長約翰．杜爾（John Doerr）走進蒙塔納的辦公室，打斷他正在進行的會議，跟他說起一件熱門的新創公司投資案。「你們想加入嗎？」他問，「我馬上就要參加一場活動，只要出席，就算加入。」

Liquid 2 Ventures的創辦人明白，他們在種子輪就已投資很多公司（光2016年就投資了大約200家公司），但是有蒙塔納在，該公司的優勢就是他所增加的價值，遠超過他投資的錢。無論一家新創公司的融資已經擠進多少人，似乎永遠都有空間留給這位NFL名人堂成員。

新創公司創辦人最愛他不費吹灰之力，就能為他們引見與介紹門路。有一次，投資組合中一家名為TrueFacet的線上珠寶市集，需要與美國運通牽上線，剛在該公司發表過演講的蒙塔納辦到了。還有一次，以體育運動為主的社群媒體新創公司GameOn，想與史努比狗狗談合作。沒問題，蒙塔納因為兩人的兒子都參加足球營，而與對方結識，於是這位饒舌歌手成了該公司投資人。

麥可·馬說：「每當我和公司創辦人談話，我總是說：『看吧，你永遠不知道自己什麼時候，會需要名人或體育明星所帶來的那種品牌效應。』」

短短幾年後，蒙塔納的Liquid 2 Ventures已有幾次「達陣得分」。投資組合中一家名為Geometric Intelligence的公司，2016年被Uber收購；另外兩家公司，軟體開發者工具GitLab及餐點外送新創公司Rappi，如今都是獨角獸了。到了2017年，麥可·馬認為，Liquid 2Ventures已名列美國前十大活躍種子基金。

至於蒙塔納，在清點計算所有獲利數字後，他認為創投比職業運動更有利可圖嗎？「這個嘛，如果我是現役球員，可能不這麼認為；但在我當年打球那段時間，那絕對是。」他說。

將天使投資帶進主流世界

2013年秋天，創業家傑米．西米諾夫（Jamie Siminoff）發現自己置身在一個奇特的處境：對著艾希頓．庫奇，推銷他的虛擬門鈴公司，地點是在一個改裝過的貨櫃屋裡，在《男人兩個半》（*Two and a Half Men*）的拍攝場景時，充當庫奇的辦公室。

A級投資公司的阿貝．柏恩斯（Abe Burns）負責安排這次與西米諾夫的會面，也跟他在貨櫃屋一起見庫奇和一位意外來客。「各位，這是蜜拉。」庫奇介紹他的明星妻子。迫切渴求投資資金而感到緊張忐忑的西米諾夫，幾乎說不出話來。但庫奇似乎對這個投資機會頗感興趣，詢問西米諾夫未來能加入哪些不同功能，並問他為什麼還沒有建造出來。只不過到最後，庫奇還是決定放棄。

「我想他差不多就要同意了。」40多歲、衣著得體，與影星布萊德利．庫柏（Bradley Cooper）有幾分神似的西米諾夫，與我在一次午餐會時說，「他非常著迷，但因為硬體的東西又讓他有些不安。我們的產品還在非常初期的階段，未來還有很多工作要做。」

西米諾夫從事大半生的工匠生涯，始於童年時期在紐澤西的地下室，他嘗試做出一個更理想的捕鼠器——尤其是更人道的捕鼠器。他試著做出有網狀門的箱子，以及四面牆同時上鎖且固定位置的奇特裝置，卻全都徒勞無功。在巴布森學院念書期間，他認定「創業家」這個名詞，包含了他想要做的事。他嘗試從電信到電子郵件安全等事業，但始終沒有找到利基市場。

到了2012年，西米諾夫決心成為一個全職發明家，定下心來在他的南加州車庫，刻苦研究他那一直在變動、尚未存在但應該存在的事物清單。西米諾夫一直為一個小小的問題所困擾：他聽不到自家的門鈴聲。於是他臨時拼湊出一個「包含一大堆破爛的奇巧玩意兒，然後綁在前門上」——每當有人按門鈴，他就會透過智慧型手機收到警報，而且還有門廊的實況影片。他稱這款發明為Doorbot。

他很快就放棄在車庫工作，選擇一個正式的辦公室，並開始招募人來幫他推動Doorbot進入大眾市場。有一天，一位同事通知他，外面有個開雙門賓利汽車的人在等他。結果，那人是納斯的經紀人安東尼・薩列，他在幾星期前的一場研討會上見過對方。西米諾夫邀請薩列進門，向他展示產品以及Doorbot的幕後團隊。薩列不需要被多加說服：「很喜歡。我喜歡這種幹勁。我們就來合作吧。」

根據西米諾夫的說法，納斯大約在這時承諾會開出「一張相當大的支票」，讓西米諾夫感到歡欣鼓舞——不只是因為他找到一個有名的資助者。「我聽他的音樂長大的。」西米諾夫說起納斯，「但我需要錢。所以儘管這真的很酷，但不管是誰投資，我都會一樣開心。」

西米諾夫很快就引起其他幾位知名天使投資人的注意。一位友人聽說電視實境節目《創智贏家》（*Shark Tank*）需要一批新的創業家，讓參賽者競爭傳奇「投資大亨」開出的支票，包括億萬富豪馬克・庫班、嘻哈服飾公司FUBU創辦人戴蒙・強（Daymond John）、不動產專家芭芭拉・柯克蘭（Barbara Corcoran）以及脾氣古怪出了名的企業家凱文・奧利里（Kevin O'Leary）。不過就像《美國好聲音》（*The Voice*）未必就代表整個唱片製作的過程，《創智贏家》也不完全代表典型的新創公司成長經驗。

「《創智贏家》和天使投資人的關係，就像印第安納・瓊斯與考古學。」資深天使投資人大衛・羅斯說。「它在大眾意識及媒體所留下的印記，比在現實世界大上許多。」然而這個節目提供的曝光度，卻能大力推動不可思議的進展，並將天使投資帶進主流世界。「我想，《創智贏家》做的就是開啟這個對話。」特洛伊・卡特說，他曾在2015年擔任節目來賓。「看看評審小組，再看看進來推銷的一些人，你會覺得自己能促成某些事，而且能參與其中。」

西米諾夫寫了封郵件給這檔節目的其中一位製作人，對方回覆並邀請他申請參加節目；不久後他獲得參加節目的機會。2013年中，他持續為即將進行的錄影製作一組作品，花了15000美元在後院建造一個小屋，他深信庫班將是投資他、改變自己人生的貴人之一。結果西米諾夫唯一得到的，只有凱文．奧利里開出的條件：70萬美元的貸款，換取產品成功後10％的銷售額，外加公司5％的股權，以及未來銷售的7％版稅。西米諾夫拒絕這個協議；當然我一開始會拿到現金，但最終還是得償還。「真是胡扯。」他說，「那不是真的在投資。我的意思是，這太離譜了。」

一頭有人脈的獨角獸

西米諾夫坐等這集節目播出。他等了又等。等到公司的資源漸漸減少，他開始擔心這段節目永遠都不會播出，也扼殺他獲得大量曝光的最後希望。終於，2013年11月，他得到那在全國電視上成名的15分鐘（更精準地說，是12分鐘）。他幾乎立刻就感覺到節目對公司的影響力。他的晶片製造商提出更優惠的條件；在他的影片供應商工作、先前總是態度冷淡的工程師，突然間就迫不及待想要幫忙了。

《創智贏家》讓西米諾夫在百思買推銷自家產品時有了可信度，讓他在多如過江之鯽的假日禮品戰場中脫穎而出。亮相後的第一個月，Doorbot營收達到100萬美元，不到一年就賣光了產品。即使在西米諾夫將名稱改為Ring之後（這個名字暗示包含所有居家保全防護），光環效應依然存在；他認為公司這些年來的營收，有500至1000萬美元要歸功於

《創智贏家》節目。

西米諾夫說：「最重要的是，那個節目是以主流方式，告訴大家生意是怎麼談的。要怎麼籌措資金，要如何將夢想付諸實現，那對身邊沒有這些成功故事的人來說，是有啟發意義的。」

有個正巧受到啟發的人，就是俠客・歐尼爾。儘管受過儲備執法人員的訓練，歐尼爾仍想知道家門口的人是誰，所以自己買了Ring。因此當西米諾夫告訴在威廉・莫里斯經紀公司任職的一個朋友，他想拍個吸睛的宣傳廣告時，消息傳到歐尼爾耳裡，後者的團隊聯絡上Ring的創辦人，希望在拉斯維加斯的消費電子展（Consumer Electronics Show，CES）碰面。這場科技展每年冬天吸引大約20萬人出席。「我們每次都會去。然後就有傳言說我會在那裡挑一家新創公司資助。」歐尼爾說。

西米諾夫以為，這位超級巨星會想在隱密的房間會談——直到他看見歐尼爾悠哉地走到Ring的攤位。「他見到我和團隊很興奮，就像我見到他也很興奮一樣。」西米諾夫說。他們開始聊起拍廣告的事；歐尼爾對Ring的印象十分深刻，因此就跟岡薩雷斯對FitStar一樣，決定將他的酬勞投資到公司，而且遠不止於此。他最後投入「一大筆金額」到Ring，根據西米諾夫的說法，歐尼爾還想投入更多，但那一輪的融資空間不足。

歐尼爾對喜劇效果的時機掌握度完全無懈可擊，他將這個能力帶到他為西米諾夫錄製的一系列廣告，其中有一幕是歐尼爾在玩捉迷藏，模擬逃避Ring的掌控，卻徒勞無功。這位大人物的人脈對這家新創公司的價值，證明比他自己的名氣更高，因為西米諾夫尋求地方補助，將Ring推廣為犯罪防止工具（該公司宣稱在洛杉磯的一項試點計畫，大幅減少入室盜竊「高達55％」，只是《麻省理工科技評論》〔*MIT Technology Review*〕的一篇報告對這個數字表示懷疑）。

無論如何，警方確實受到這新科技產品的吸引，特別是歐尼爾讓他們意識到這項科技之後——而且他誇口在擔任員警期間（他真的有警察資格），獲得一份聯絡人清單。因此假設西米諾夫正好和歐尼爾聊到一個未來想在邁阿密地區推廣的計畫，這位公司的最大投資者就會在幾分鐘後把電話轉交給他——邁阿密的警察首長就在線上。

「我們愈來愈有知名度。有歐尼爾和警方打交道，實際將我們介紹給局長們並給我們幫助，這比執行任何行銷活動所得到的都還難能可貴。」西米諾夫說，他如今與歐尼爾是安全講座的固定演講人，「這是一頭有人脈的獨角獸。這並非因為他有名才得到的。他能得到這些，是因為他終生都支持警察並受到尊重。」

投資回報堪比球員巔峰時期

Ring後來有了一個更具知名度的仰慕者：亞馬遜，該公司在2013年年末，將注意力轉移到Alexa和智慧家庭後，開始投資Ring。Ring與亞馬遜合作進行若干產品，讓兩家公司的關係更加緊密。雖然西米諾夫其實沒打算出售公司，但當亞馬遜開出超過10億美元的價格時，他改變了想法。

這場交易於2018年商定，保證西米諾夫再也不必花一秒鐘在車庫裡敲敲打打，除非他自己願意。雖然支付給歐尼爾及納斯的金額細節不曾被披露（兩位明星都不願對總數置評，西米諾夫也不願說），但這幾位名人估計從Ring的這場交易，獲得八位數獲利。**亞馬遜的收購等於更進一步證明，運動員的新創公司投資若成功，獲利回報可與他們的球員巔峰時期不相上下**。「特別是Ring這個投資案。」歐尼爾說。

對西米諾夫來說，體育明星能在新創公司世界如魚得水，是非常合理的。正如岡薩雷斯指出的，運動員在職業階段脫穎而出的機會渺茫，而創業者也需要先戰勝一大批規模相似的競爭對手，才能達到所處領域的高峰。到最後，亞馬遜的收購就像是一個強有力的例證，駁斥那些對名人投資心存懷疑的人，或是一般的好萊塢式品牌建立方式。

「幾年前，有位矽谷的領袖級大人物說：『真正的公司從來不行銷；真正的公司只靠產品打天下。』而我認為這是錯的，現在這說法已經落伍，因為有太多的成功事例。」西米諾夫說。

除了幫一連串的新創公司帶來明星級影響力，歐尼爾和托尼．岡薩雷斯也促成扭轉矽谷以高齡白人男性投資者為主的傳統人口結構（後者的家譜可從葡萄牙追溯到阿根廷）。因此，後續有愈來愈多運動員成為投資人。

雷霸龍．詹姆斯成功將投資在Beats耳機與Blaze Pizza的少量股份，變成八位數的資產。前大聯盟球星艾力士．羅德里奎茲（Alex Rodriguez，A-Rod）在《創智贏家》擔任客座評審，同時獲得重量級通訊軟體Snapchat，與中國叫車應用程式滴滴出行的股份。網球超級巨星小威廉絲建立起包含數十家新創公司的投資組合，包括加密貨幣獨角獸Coinbase，並在SurveyMonkey的2018年首次公開發行變現獲利。「我想成為其中的一分子。我想成為新創公司的基石。」小威廉斯隔年在《富比世》訪問時說，當時她已經創立一家風險投資公司Serena Ventures。

至於岡薩雷斯，他得到的報酬源源不絕。在投資Fitstar有所斬獲之後，他再次投入現金到新創公司，但只給看似穩操勝券且資助者名單令人信心十足的公司。岡薩雷斯加入NBA傳奇球星柯比．布萊恩（Kobe Bryant）及克里斯．保羅（Chris Paul）的行列，成為運動醫學公司Fusionetics的投資人，以及非常重要地，對「超越肉類」公司的投資。

他似乎是在這家植物蛋白質公司估值約5億美元時進場，初始投資不到一年就增加不只一倍；該公司在2019年中公開上市，市值達15億美元，到了該年年底，市值翻漲三倍。因此短短幾年，岡薩雷斯因投資而得到的資產增加數倍之多——在這同時，他一直在為一個與他個人價值觀一致的目標在努力。

「我認為，我參與的那些投資，我知道那都是能幫助世界變得更好的事物，雖然這聽起來像陳腔濫調。我不會投資我不喜歡的爛東西。」岡薩雷斯說。

不過儘管岡薩雷斯的投資組合成功起飛，但其他寄望循著矽谷—好萊塢路線高飛的人，卻迎來墜落的結局——而且不僅是在金錢上。

Chapter 10

樓起，樓又塌

1980年代末期，海蒂・羅伊森仍是電腦軟體製造商T/Maker的執行長時——後來她加入蘋果，接著是軟銀，然後是創投公司德豐傑——她發現自己旁觀了在拉斯維加斯的一場尷尬邂逅。

早在歐尼爾涉足CES之前，這個賭城科技研討會就因為「展場辣妹」而惡名昭彰，羅伊森在電話中這樣對我描述：「許多非常嫵媚動人的女性，穿著布料稀少的服裝，她們的工作就是站在攤位裡，讓男性想過來跟她們聊天，而他們其實對科技商展不抱任何目的。」曾有一次羅伊森的公司舉辦活動，並派了一群員工到攤位支援，又正巧都是女性員工，於是成功引起一名男性與會者到攤位攀談。

「是的，我想過來看看你們的活動，因為我聽說這個攤位全都是展場辣妹。」那人對羅伊森其中一名同事說，她形容這位同事是個「相當好戰的女性主義者，但正巧又極富女性魅力。」結果呢？「她朝那人瘋狂發火。」羅伊森回憶道：「人家還以為是我們聘請這些女性到攤位來的，但事實上那都是我們的員工，她們可不是特地雇來的展場辣妹。」

很遺憾，在之後的數十年，這樣的偏頗看法並沒有出現太大改變，科技界的女性代表確實減少了。美國所有科技相關工作職務中，女性員工現在占四分之一，1991年時還超過三分之一。而對黑人女性來說，這個數字只有3%；對拉丁美洲裔的人來說，只有1%。頂尖創投公司的合夥人只有不到10%是女性，因此由女性領導的公司，只能得到2%的創投資金，或許也並不令人意外。

誠然，千禧年以來，已經看到科技界出現若干強勢幹練的女性：雪柔·桑德伯格（Sheryl Sandberg）2008年加入Facebook，擔任營運長，隨著Facebook的營業額在她的監管下增加將近一百倍，她也成了一位億萬富豪；身為YouTube主管的蘇珊·沃西基（Susan Wojcicki），讓這個影片巨擘的營收增加數十億。然而這兩人卻因為性別，遭遇超出她們應該承受的困境。

「我的能力和對工作的付出，都曾遭受質疑。我被排除在重大產業活動及社交聚會之外。我曾與外界的領導人會面，他們主要都是對著比較年輕的男性同事說話。我的發言常被打斷、想法常被忽視，直到有男性將這些重新表述過。無論這一切發生的頻率有多高，依然會傷人。」沃西基在刊登於《財星》（*Fortune*）的一封公開信上提到。

對於包括羅伊森在內的一些女性來說，從代表性不足、迂迴委婉地暗中耍手段陷害到肆無忌憚的性騷擾，一切似乎早已成了矽谷現實狀況的一部分，不可能改變。她和同伴在生涯早期也曾摸索經歷過一些灰色地帶，科技界在這方面感覺和好萊塢非常相似。

「個人生活乃至於人際關係，很大部分都在工作中發生，因為你一天工作24小時、全年無休，而那些人正是和你共事的人——或許和共同演出的明星會傳出緋聞的情況，並無不同。跟與我年輕20歲的同事們相比，我想那是個截然不同的世界。」她說，並指出她現在因職位不同且擁有聲望，再也不用處理那些職涯早期得面對且讓人厭煩的殷勤示好。

重量級投資名單

2013年的情人節，好萊塢與矽谷斷斷續續的關係，似乎達到最高潮，如果說BlackJet——號稱「私人飛機版的優步」——發表會有任何象徵意義的話。這家公司的資助者，包括艾希頓・庫奇、Jay-Z以及舊金山億萬富豪馬克・貝尼奧夫和Uber共同創辦人加瑞特・坎普（Garrett Camp）——後者也是這項共享飛機應用程式的共同創辦人。

為慶祝飛往灣區和拉斯維加斯的新航線，BlackJet這一天在舊金山的聯合廣場舉行慶祝活動，吸引了一批狂歡者，在慶祝活動開始時排隊走上紅毯。似乎從展場辣妹的風氣興盛以來，情況就始終沒有太大變化：這家新創公司的「天空甜心」在活動上搔首弄姿，和所有願意戴上BlackJet帽子的人合照，一些賓客則拿到夏威夷花環（該公司沒有夏威夷航線）。最先到達會場的1000名來賓獲得免費的BlackJet會員資格；其他人大概要付出2500美元的年費，才能享有用智慧型手機以1500美元，購買從舊金山到拉斯維加斯的一組隨選飛機座位（或許總共要和十多位乘客共享）的便利服務；如果是較長的航線，則價錢更高。

「預訂整架飛機的包機航程，目前就是以類似這樣的方式進行。現在你就可以立刻預約，就像可透過Uber預約計程車一樣。」BlackJet執行長狄恩・羅欽（Dean Rotchin）說。

不過活動中最著名的來賓，或許是剛被任命為BlackJet董事長的薛文・皮西瓦。就像他在Uber的經驗，這位創投家在集結好萊塢及矽谷金主班底的工作上，扮演關鍵角色。除了庫奇，納斯的皇后橋風險投資公司也投資了。還有許多熟悉的面孔也投資了，包括羅恩・康威的矽谷天使投資公司以及威爾・史密斯創辦的經紀公司「歐佛布魯克娛樂公司」（Overbrook Entertainment）。

根據全球知名的新創公司資料庫Crunchbase的資料，總共有超過30位投資人參與投資，對於規模210萬美元的融資輪來說，數目可說相當多。皮西瓦本人投資10萬美元。但一家公司能否帶動共乘的概念成功，許多常見的熟面孔似乎看法分歧。「這個市場不像Uber所追求的市場那麼大，而且在我看來，每單位經濟效益並不合理。不僅使用頻率不高，且顧客基礎也有限。」特洛伊・卡特說。

另一個難題：聯合廣場的活動比較像是一場品牌再造的行動，而不是新創公司的創立大會。在2012年提交的證交所文件顯示，該公司其實是早在2008年於德拉瓦州成立的Green Jets Inc.公司。這家公司拒絕透露當時的營收，但顯然寄望知名資助者的湧入，在搭乘噴射機旅行的富豪圈中提升地位，並期待營業額也隨之大增。

舊金山與拉斯維加斯之間的航線是最便宜的一種，但對於時間就是金錢的富裕旅人來說，還有經濟上的理由。一班跨越全國的BlackJet航班，單程要價3500美元，價格與從紐約甘迺迪機場到洛杉磯國際機場的頭等艙票價相差無幾；私人包機的價格則是這個金額的許多倍。不過，這還不足以說服所有對BlackJet這個行業抱持懷疑的人。

「有太多人嘗試建立分享機位商業模式卻失敗了，因為很難讓本來就租得起私人飛機的有錢人分享航班。他們的自尊跟辦公大樓一樣宏偉。」包機服務公司PrivateJet.com主管肯・史達奈斯（Ken Starnes）在BlackJet問世時說。

那些沒聽過史達奈斯及卡特等人看法的投資者，可能也是抱持相同意見。然而，很多人似乎還是願意跳進一個日益過熱的市場。

創投及娛樂的界線開始模糊

「100萬美元根本不值一提。你知道多少才值得討論嗎？」流行歌手賈斯汀在2010年的電影《社群網戰》（*The Social Network*）飾演的創投家西恩．帕克如此問道。「10億美元。」

他對著扮演Facebook共同創辦人馬克．祖克柏及愛德華多．薩維林（Eduardo Saverin）的演員說了以上台詞。這三人的演出可說霸占了這整段劇情，讓人幾乎完全忽略這一幕中還有一位大多保持沉默的第四個角色——扮演薩維林女友的布蘭達．宋（Brenda Song）。《社群網戰》頗受電影評論家的好評，有些人卻批評電影中對女性的極度輕視和物化。編寫這部電影劇本的艾倫．索金（Aaron Sorkin）宣稱，這只是反映矽谷的厭女心態。[1]

1 作者註：此處呈現一種演藝圈才有的反諷現象。賈斯汀與珍娜．傑克森爭議極大的「衣著穿幫」事件，啟發了YouTube的創立，同時也讓她成為那年播放超級盃賽事的CBS電視台主管萊斯利．孟維斯（Leslie Mooves）的眼中釘。據說孟維斯在認定傑克森「悔意不足」後，有意摧毀她的演藝生涯。然而後續明顯呈現雙重標準的地方是，賈斯汀再次獲邀於第52屆超級盃的中場休息時間表演，傑克森卻依然被NFL排除在外。

事實上，在創投界及娛樂界新結合的世界中，現實生活與表演藝術之間愈來愈難以區分。2011年最後一季的《我家也有大明星》（*Entourage*）中有段情節，演員艾德．葛納（Adrian Grenier）飾演以馬克．華柏格為藍本的主角，投資了一家龍舌蘭酒公司；然後在同一年，華柏格投資鹼性水品牌Aquahydrate。在描述新創公司創辦人的喜劇《矽谷群瞎傳》中，扮演主要角色的許多演員，也都開始投資真正的新創公司。

賈斯汀自己潛心研究新創公司，結果好壞不一。他參與新聞集團（News Corp）3500萬美元的Myspace收購案，當時他是該公司重組為音樂平台網站的形象代言人（後來該網站再次易手）。2012年，他和其他幾位明星聯手，擔任電子商務公司BeachMint的名人大使，推銷只限線上銷售的HomeMint家具產品。賈斯汀曾在一篇新聞稿中解釋，此舉的靈感來自他「對建築及室內設計的熱愛」。然而很少人購買該公司的商品——到了2013年，BeachMint宣告失敗，隔年奇特地與《幸運》（*Lucky*）雜誌合併。至於Myspace，最後在2016年其母公司賣給時代公司（Time Inc.）的交易中，成了附屬品。[2]

2　作者註：Myspace在賣給時代公司之後的數年仍苦苦掙扎，大部分觀察家都沒注意到它依然存在，這項服務據說直到2019年，失去大約5000萬首用戶上傳的歌曲。

最後，賈斯汀在洛罕・歐札的幫助下，找到了抗氧化飲料供應商Bai Brands這個成功案例，歐札希望在裡面同樣裝進他與五角在維他命水所發現的魔法。賈斯汀在2016年投資，同年稍後，飲料集團胡椒博士（Dr Pepper）宣布計畫以17億美元收購該公司。

在被收購前，賈斯汀究竟為Bai Brands做過什麼，至今依然不得而知；他後來被任命為「風味長」（chief flavor officer）這個模稜兩可的職位，也未能清楚說明什麼。賈斯汀在這場交易後，確實給品牌帶來非常大的公關助力，他與克里斯多夫・華肯（Christopher Walken）聯袂出現在超級盃廣告中，並對6500萬Twitter追隨者發文廣而告之。影片中，這兩人在木板鑲壁的客廳中，坐在劈啪作響的爐火前，華肯背誦起賈斯汀在超級男孩（'NSync）團體時期，最受歡迎的歌曲之一〈Bye Bye Bye〉的歌詞。

雖然後來證明這是一筆獲利豐厚的投資，但Bai Brands可能給賈斯汀留下了苦澀的失望體驗。這位歌手後來也名列一起集體訴訟的被告名單中，訴訟指控Bai Brands的飲料標榜只含天然成分，但其實是廣告不實。儘管有風味長的職銜，但據說賈斯汀的法律團隊宣稱，他並不知道Bai Brands的調料香味是用什麼製作的——也沒有人能夠證明他知道（賈斯汀最後在這起訴訟中被撤銷告訴）。

另一方面，其他大人物正在努力解決因擁有高知名度公司而伴隨的複雜糾葛。

不花一毛錢就能取得股權

薛文・皮西瓦在2013年籌募到1.53億美元，創立自己的投資公司Sherpa Capital。在BlackJet引起他的興趣時，他也關注伊隆・馬斯克（Elon Musk）公布的超迴路列車系統（hyperloop system），因此在皮西瓦的堅持下，同一年在一場研討會公開亮相。

「我們看著一個文明的終結，另一個文明的開端，而我們在建造的這個運輸基礎建設，就是那個新開端。我們會一路向前看。」兩年後，皮西瓦在他的Hyperloop公司公開亮相不久後說道。

不過，BlackJet的加速度遠遠達不到超音速。事實上，在舊金山華麗登場後，不到一年，這家公司的氣勢就直線墜落。由於無法取得額外的資金，皮西瓦只好下台，BlackJet在2013年9月裁撤大部分員工。一位前員工宣稱，飛機大多是空機飛行，導致公司每周虧損20萬美元。就像卡特所預測的，沒有達到單位經濟效益：事實證明，無論機上有多少乘客，每架飛機每趟飛行的營運成本都要花費2萬美元，根本不可能保證一個國內班機的機位只要3500美元。

「我們應該從零開始醞釀發展的。」皮西瓦說，口氣中聽得出在為他的航空冒險事業悲嘆，「整個團隊根本都不對，而且要建立一個和Uber完全不同的成本模式，看來還是太早了。」

但從BlackJet在2012年的檔案紀錄來看，可發現另一個有意思的細節。該公司開給新資助者的最低投資金額是零，意思是名人股東可能一毛錢都不必花，就能取得股權。倘若如此，他們損失的就只有時間。雖然BlackJet飽受經營計畫不可靠之苦，但如果公司的名人投資者能更加努力推廣宣傳——若是和切身利益多一點相關性，或許他們就有動機了——說不定能招來足夠的富裕使用者，讓公司繼續存在。

另一方面，皮西瓦繼續高調奢華的生活方式，他出現在與史努比狗狗及其他名人的合照中，讓自己也成了明星。《富比世》推測他的資產淨值為5億美元，2014年網路媒體《矽谷閒話》（*Valleywag*）報導稱，這位不久前離婚的大亨，開始與從超模轉行新創公司投資者的泰拉·班克斯（Tyra Banks）交往（她在2013年加入艾希頓·庫奇的團隊，成為社群購物網站The Hunt的投資人）。

只不過中途風波不斷。2017年年末，彭博刊登一篇報導，表示有數位女性宣稱，皮西瓦利用自己的身分地位，做出令人討厭的性接觸和往來關係（他否認這些指控）。矽谷的好友替他辯護卻收效甚微，包括一位匿名的消息來源堅稱，皮西瓦不可能在某場Uber的耶誕派對上猥褻任何人，因為他一手拿著飲料，一手牽著他帶到慶祝活動上的小馬。

皮西瓦隨後在Hyporloop及Sherpa Capital都開始請假；另一方面，他堅稱自己是一場精心策畫的抹黑行動的受害者[3]（Sherpa Capital後來更名為Acme Capital）。類似的醜聞同時也讓好萊塢、矽谷等地的其他位高權重人物下台。

矽谷的性別偏見

2017年的整個秋天，#MeToo運動演變成一場全國性革命活動，也迫使在各行各業中，腐敗已深的上層階級們做出必要的改革。哈維・溫斯坦（Harvey Weinstein）是位重量級的電影監製，卻被《紐約時報》及《紐約客》指控他猖狂性騷擾與性侵行徑的兩篇報導給扳倒了；即使他否認那些指控，還是被公司解雇，直到本書付梓時，仍在等待一堆指控的判決，其中也包括強姦罪。

隔年，地球上數十位最具影響力的男性，因為行為不端而從娛樂界的權力高位倒下，包括嘻哈大亨羅素・西蒙斯（Russell Simmons）、CBS電視公司主管萊斯利・孟維斯（Leslie Mooves）、好萊塢電影製作人布萊特・瑞納（Brett

3　2017年12月，有報導稱皮西瓦在倫敦因涉嫌強姦遭到拘留，但未被起訴（除了否認這些指控，皮西瓦控告一家保守的研究機構，他宣稱自己的競爭對手之一雇用該公司「摧毀他的事業」）。

Ratner）、新聞主播麥特．勞爾（Matt Lauer）等。根據《紐約時報》計算，共有超過200位原本在職場中有權勢的男性，其中半數由女性取代。

「貶低、羞辱或輕蔑女性的男性，過去這樣做都能安然無恙。不僅在好萊塢，還有科技業、創投業以及其他領域，他們的影響力和投資，可以成就或摧毀一個人的職業生涯。權力的不對稱，為侮辱傷害提供了成熟的條件。」比爾與梅琳達．蓋茲基金會（Bill & Melinda Gates Foundation）共同主席梅琳達．蓋茲對《紐約客》如此說道。

當然，矽谷的女性早在#MeToo運動成為主流的多年前，就一直聽到一些警報聲。海蒂．羅伊森2014年寫了一篇部落格文章，標題為〈女孩的情況不一樣〉（It's Different for Girls），描述長久以來支配她所在世界的文化——有個特別的例子是，在她擔任執行長期間，最大的客戶在一場晚宴上拉開褲子的拉鍊，將她的手塞到他的皮帶底下。「你不能跟任何人說。尤其是如果你還是個執行長。」她說。

或許最具爆發力的文字，是2017年蘇珊．佛勒（Susan Fowler）所寫的文章，她在兩年前加入Uber，擔任網站可靠性工程師。在加入新團隊的第一天，佛勒的經理在公司閒聊時告訴她，他正處在一段開放式關係，他「盡量不在工作場合上製造麻煩」，卻又忍不住這樣做，因為他在「尋找可以發生性關係的女性」。另一個例子是，公司為工程組的所有人訂購皮夾克——根據佛勒的說法，團隊中有五、六位女性收到電子郵件，解釋她們不會拿到夾克，因為「團體中的女性人數不足，所以無法下訂單。」她向人力資源投訴這兩件事，卻毫無作用。佛勒寫道，等她將後續的問題向上提報後，卻遭遇報復威脅。

這個經驗促使佛勒到另一家公司工作。她在2月的一篇部落格文章〈回想在Uber非常、非常不可思議的一年〉（Reflecting on One Very, Very Strange Year at Uber），講述自己的經驗。隨後，對Uber「有毒文化」的批評排山倒海而來，導致最高主管崔維斯．卡拉尼克從6月中開始無限期休假。一周後，由Uber委託、美國前司法部長艾瑞克．霍德（Eric Holder）領導的調查，要求重新審視卡拉尼克的角色。他的投資者（包括門羅風險投資公司，皮西瓦以前的公司）要求他辭職，於是他被迫辭去執行長職位。到了2017年年底，佛勒因揭開Uber黑幕而名列「打破沉默者」，登上《時代》（*Time*）雜誌年度封面人物。

這個事件，是讓矽谷變得對所有人更友好的重要征途，也是個令人不愉快的回憶，提醒世人這揮之不去的偏見——對Uber的女性投資者來說無疑是如此，如蘇菲亞．布希。另一方面，這件事也突顯了她們參與這家共乘公司，乃至於社交上排他的創投圈，尤其有著重要意義。

「很多人一開始就加入，然後他們有其他朋友也加入進來，然後他們全都賺了錢，然後又拿錢再投資，於是整個圈子一直是封閉的。所以當有人選擇保持清醒並說：『還有誰要進來的？還有誰能獲准進來占有一席之地？』就非常重要了。」布希說。

未來會更好，即使不完美

對於像海蒂·羅伊森這樣的矽谷元老，近期的進展只是個開端，但這也給人一個審慎樂觀的理由，就像她在我們訪談接近尾聲時的暗示。

「我們這裡有關騷擾的討論基調並不相同，因為有很大部分是關於同工同酬、職場上的肯定以及不懷惡意的環境。當然肯定有濫用權力的情況。」她說。

事實上，羅伊森自己的公司對這類爭議並不陌生。有報導指出，德豐傑的創始合夥人史提夫·裘維森（Steve Jurvetson），是因為與在商務會議中認識的女性發生婚外情，之後才離開公司。裘維森在一份聲明中委婉提到，有一段「有欠考慮的關係」，但否認任何「性掠奪以及職場騷擾」的指控，並將他的離開歸咎於「合夥人之間的人際關係因素」。德豐傑不久前更名為Threshold Ventures。

對羅伊森來說（她在危機結束後仍留在公司），矽谷依然在孳生造成事業與個人生活界線模糊的情況。她提出一個假設情境：兩人在合意下有性關係，其中一人有錢又有勢。後者帶著前者搭上私人飛機，前去參加億萬富豪及名人時常出入的活動。「如果你和她們因為再也沒有性關係，所以就不提供她們那些門路……這算濫用權力嗎？」羅伊森問，「很多男人會說，『不是，那不是濫用權力，那是這個時代的約會與交往關係。』」

至於更廣泛的矽谷文化，羅伊森對於徹底根除職場上不當男女關係的可能性，態度多少有些悲觀。「現實情況是，永遠擺脫不了我們是動物，而且我們是尋愛的野獸這點。我們就是這樣製造出更多相同物種的。」她說。

當涉及刑事問題，要起訴犯罪者就會顯得相當棘手，特別是發生在久遠過去、超出訴訟時效的事件。對家財萬貫的犯罪者，特別是那些沒有被定罪的人來說，處以高額罰鍰幾乎是不可能的事。就在CBS電視台拒絕萊斯利・孟維斯1.2億美元的「黃金降落傘」（golden parachute，優渥的離職金）幾個星期後，據說他在加勒比海的聖巴特島過新年，在億萬富豪大衛・格芬的遊艇上度假（聽說大約同一時期也在那座豪華小島上的人有：薛文・皮西瓦以及布萊特・瑞納）。

羅伊森在2018年年末接受《財星》訪問，透露未來會更好，即使不完美：「很遺憾，我們的處境是，投資領域的絕大多數權力仍握在男性手中，我們處在迷霧重重的時期，身在一個處境時有艱難的地方，但我認為整體而言，我們正邁向正確的方向。」

Chapter 11

斜槓巨星

1986年時的好萊塢或矽谷，幾乎沒什麼人注意到，一群包含牛仔、嬉皮和披頭族的烏合之眾，在德州奧斯汀創立一個音樂節。他們的創立起因：從孤星之州（德州）內部深處散發的創意，相較於地球上其他城市，即使沒有更偉大，也毫不遜色。超過三十年後，事實證明他們產生重要影響。如今，每年3月會有25萬人造訪這個城市，「南方音樂節」已成為娛樂界和科技界的橋梁。

我從奧斯汀機場搭上一輛Uber，車子緩慢行駛在西薩・查維茲路上，在穿過城市的東側時，我看到那裡塞滿特斯拉汽車與宣傳《矽谷群瞎傳》及「不好笑毋寧死」的三輪車，差點以為自己置身在加州某處。如果左轉上雷尼街（Rainey Street），最後就會來到時髦的凡贊特飯店（Hotel Van Zandt）。

在一個晴朗的周六，排隊人龍延伸繞過街區，都是來看一場獨一無二的表演——不是為了當地傳奇音樂家威利・尼爾森（Willie Nelson）或小加里・克拉克（Gary Clark Jr.）的私人音樂會，而是由艾希頓・庫奇和蓋伊・歐希瑞擔綱的新創公司競賽。

在飯店的四樓游泳池，歐希瑞歡迎數百位齊聚一堂參加創投業界盛會的來賓，庫奇則與全由明星組成的評審一同坐在台上：億萬富豪馬克・貝尼奧夫、演員馬修・麥康納、創業大師蓋瑞・范納洽以及美容服務預約公司StyleSeat創辦人梅樂蒂・麥克洛斯基（Melody McCloskey，先前曾接受庫奇提供的資金）。他們在這裡聽取5位創業家的提案簡報，優勝者可獲得Sound Ventures的10萬美元投資，該公司是歐希瑞與庫奇在A級投資公司成功之後所創立的投資公司。

那是個超現實的情境。隨著每位參賽者上台，這位過去從《70年代秀》出道的明星，會連珠炮似地對創辦人發出一連串塞滿新創公司行話的問題，既犀利又帶著打氣成分。「你目前的用戶取得成本是多少？」他問Daymaker的創辦人。這家新創公司的創立目標，是將針對兒童的慈善捐贈，轉換成遊戲化。他又追問市場的潛在規模，接著又問起與隱私的相關問題。當范納洽對一位脾氣溫和的創業者窮追猛打，庫奇忍不住對他的投資人同行說：「蓋瑞，他剛剛只不過是想稱讚你的鞋子。」

在所有選項中，庫奇似乎對一家名為LearnLux的公司尤其感興趣，該公司利用線上工具，教導大眾個人理財技巧。該公司的商業模式是：找企業簽約，每位員工每月支付該新創公司1美元，努力提升全公司的金融素養。共同創辦人蕾貝卡．利柏曼（Rebecca Liebman）一度提到，她正要試圖說服25萬名顧客，從試驗性的免費簽約，轉換成付費用戶。

扮演賈伯斯的創投家

在這場活動裡，可以看見庫奇自身的轉變——從涉足新創公司的演員，變成有演員身分的創投家——證明了不管哪種角色，他都能稱職地勝任成功。

到了2010年代中期，庫奇的新創公司活動比他的演藝事業還要活躍，而他所扮演的角色，則持續反映出他對科技的熱愛。他在2013年的蘋果創辦人傳記電影《賈伯斯》（*Jobs*）中擔綱主演，儘管外界對電影本身的評價不高，他的表現卻頗受好評。如《舊金山紀事報》（*San Francisco Chronicle*）稱他的演出「十分有說服力」，但該報對整部電影的評論卻沒那麼寬容：「令人意外的是，它失敗的地方並非如一些人所預料的。」他努力找出其他方法，連結演員和投資人角色，他藉由在Genius為賈伯斯的一篇演說做註解，試圖吸引人關注A級投資公司所投資的其中一家公司。

庫奇在那十年期間，用了前半段成為美國最高薪的電視演員，在《男人兩個半》飾演接替查理·辛（Charlie Sheen）的網際網路億萬富豪。庫奇在第一年的節目中，利用劇中角色使用的筆記型電腦背後，展示幾家他在現實生活中持有股份的公司商標，包括Foursquare及Flipboard。據說這引起聯邦通信委員會（FCC）注意，並對他下了一道禁令：未來在沒有適當揭露下，禁止進行置入性行銷。

2015年，也是庫奇結束這齣情境喜劇角色的同一年，他與歐希瑞聯手創立Sound Ventures投資公司。這一次，他們與柏考分道揚鑣，柏考是A級投資公司的三劍客之一，也是該公司的導師。隔年在我撰寫有關庫奇與歐希瑞的封面故事時，柏考口不出惡言。「我們的關係一如既往地密切，我們的團隊仍一起討論是否達成某筆交易。」他解釋。他的前合夥人也一樣。「我們先前的表現可說大放異彩。」歐希瑞說。庫奇則補充：「因為我們是非常好的朋友，所以永遠不希望對潛在市場的不同觀點，會演變成一場衝突矛盾。」

那柏考為什麼不留下來？或許這位億萬富豪沒興趣回答任何人，包括Sound Ventures的機構資助者自由傳媒集團（Liberty Media）——這家公開上市的巨擘和私募股權巨頭TPG Capital，為Sound Ventures於2016年宣布的第一輪募資中提供1億美元。或許柏考只是想走與庫奇和歐希瑞不同的方向，比較希望專注他在Inevitable Ventures從事的生技公司投資，Inevitable Ventures是他和瓦拉赫在大約同一時期建立的。庫奇和歐希瑞的目標則沒有那麼明確。

庫奇當時對我說：「我們總會討論：『哪裡有尚未被行動科技新浪潮破壞的青草地？』我們不選擇類別。後來我們開始回溯投資決策，得出的結論是：『我們其實也沒有選擇階段。』我們只投資那些有重大價值的東西，有巨大益處、動力而且真正有趣的。我們認為，如果想要有效地做到這點，必須成立一筆不分階段的創投基金。」

歐希瑞透過理想國，認識自由傳媒集團（理想國的大股東）最高主管葛瑞格．馬菲（Greg Maffei），並安排一場正式會議，為新的投資公司做好準備工作。由自由傳媒集團成為唯一投資者的單純，很吸引庫奇和歐希瑞，他們才剛經歷A級投資公司有多個合夥人的形式，每位投資者都要求一套個別化的表格與報告。

好萊塢明星，關心乳牛健康

自由傳媒集團資助Sound Ventures，代表主要機構參與者對歐希瑞及庫奇投下重大的信心票，給他們機會證明自己的價值——費用同樣是收取大約資產的2%及獲利的20%。這一開始也是個自相矛盾的情況：一家由好萊塢明星主持的投資公司，買進像是人力資源自動化（Zenefits）及居家服務（Handy）等，感覺是並不花俏的行業；之後則是被歐希瑞形容為「乳牛的Fitbit」、由Y Combinator的雙人組發掘的Cowlar。他們連同其他幾家公司成為該公司的投資者，包括喬・蒙塔納的Liquid 2 Ventures。

就像這家新創公司名稱給人的聯想，該公司供應的產品是牛隻項圈。但這是個智慧項圈，可從牛隻步伐的變化發現牛蹄感染；或根據行為的變化，趕在酪農看出來之前，辨識出乳牛是否懷孕。產品費用：每頭牛69美元，加上每月3美元的會費。到了2017年初，Cowlar的平台有600頭牛，候補清單有7200頭。

歐希瑞說：「這商品的效用非常大。如果有乳牛用的Fitbit，就能知道牠們什麼時候生病，然後也能知道牠們什麼時候懷孕，以及什麼時候可開始給真正能夠擠牛奶的牛隻擠奶。如此一來，損失就會比較少。」

即使有些人不需要說服他們接受Cowlar之類公司的優點，他們也可能產生另一個問題：的確，庫奇在愛荷華州長大，甚至早期還打工當過屠宰工，但對於一家顧客大多是內陸地區酪農的公司來說，一個電影明星能帶來什麼樣的價值呢？庫奇的答案，就是現身在《史蒂芬・柯貝爾深夜秀》（*The Late Show with Stephen Colbert*），討論他的若干投資。

「我喜歡的投資標的通常是這樣，一開始聽在耳裡會感覺不大對……幾乎是荒謬無稽的想法。」庫奇對柯貝爾說起自己喜歡的新創公司，接著繼續以Airbnb為例，「去人家的家裡然後睡在沙發上，而且人人都同意且樂意接受，這想法實在有點瘋狂。」

他還激動興奮地說起Acorns，這是一家可幫顧客自動小額投資到指數型基金的金融科技公司。柯貝爾沒有立刻聽懂這家公司的業務內容，他請庫奇再解釋一次，於是長達1分鐘，訪談的焦點都在這家新創公司。「那是我們客戶成長最多的一天。」Acorns最高主管諾亞・柯納（Noah Kerner）說，他估計公司在接下來的24小時，增加15000名新用戶。「雖然我們本來就是用低成本來爭取顧客，但那次的宣傳顯然是免費的。」

同樣地，在與柯貝爾談話時，庫奇趁機提起Cowlar，也給了它一波很大的宣傳。對這樣沒沒無聞的新創公司來說，兩位超級巨星就像直接把1萬瓦的光打在公司身上，這原本是無法想像的。「這對網站造訪率及產品詢問度都造成重大影響。我還記得在幾周、幾月之後，還有人寄電子郵件或打電話來，問公司在證券交易所的代號是什麼。我們只好一直說，我們並不是公開上市公司。」Cowlar公司創辦人烏莫・阿德南（Umer Adnan）說起庫奇上深夜節目的效果。

或許有一天Cowlar會公開上市。在與酪農交流過第一代產品的使用經驗後，阿德南與團隊發現，大規模採用的主要障礙，是每個項圈得更換電池所造成的不便。每頭牛進行這個流程，需要花上20分鐘左右，對於畜養上千頭牛隻的酪農來說是件非常麻煩的事。由於向Sound Ventures等公司籌募資金（總計約100萬美元），讓Cowlar有彈性空間，可花超過一年時間，將核心產品重新改造成99美元的太陽能項圈，運轉時間可達十年，超出了大多數乳牛的壽命。

庫奇上節目後不到一年，Cowlar的候補名單翻漲超過一倍。阿德南指出，不是只有酪農才能使用這項產品：新的項圈及其感應器，可監測超過25種牛隻行為，引起開發獸醫藥物及營養補給品的研究人員對Cowlar的興趣。另一方面，庫奇和阿德南討論過其他小螢幕的搭配行銷，包括在庫奇的網飛（Netflix）情境喜劇《牧場家族》（*The Ranch*），讓Cowlar出鏡的可能性。而且正如歐希瑞指出的，整個過程會周而復始不斷循環。

「如今我們正在談論的那些過去做過的很多事，並不完全是當初我們成為投資人時就預期會做的，但現在那些是我們不可或缺的一環。」歐希瑞說著說著，將注意焦點轉移到我身上，「而我現在和你碰面，作者先生，我想跟你說，我們這次的談話重點是Cowlar。」

小孩一想要，就是商機

大約是庫奇在深夜電視節目開始推銷牛隻健康裝置的同

時，俠客・歐尼爾的兒子想去史坦波中心，參加一場特別活動。抵達這個歐尼爾與湖人隊連續贏得三次NBA冠軍的球場時，他發現自己幾乎認不得這個地方，裡面人山人海都是青少年，正在觀看台上兩個小子打電玩。

「這到底是什麼鬼？」歐尼爾想起自己這樣問兒子，「他說：『這是電競。』但我從來沒聽過。」

這位名人堂球星很快就了解這個新崛起的競賽項目，其中的職業隊伍（成員通常還不到可合法買啤酒的年紀）在特定的電玩遊戲中一較高下，而觀眾則在現場和線上觀看。因此當前蘋果高階主管安迪・米勒（Andy Miller）打電話給歐尼爾，問他是否願意投資NRG：一家旗下戰隊涵蓋數個不同遊戲的電競公司，歐尼爾立刻答應投入。他和米勒已經共同擁有沙加緬度國王隊，這次他看見搶占下一個重大熱門新事物的機會。其他明星包括歌手珍妮佛・羅培茲、退役棒球球星A-Rod和萊恩・霍華德（Ryan Howard），與前NFL球星麥可・史垂瀚（Michael Strahan）及馬肖恩・林奇（Marshawn Lynch），也跟著歐尼爾投入NRG。

「你知道那些椰菜寶寶（Cabbage Patch）小玩偶嗎？」他問，「小孩子一想要，父母就不得不想辦法，而那東西就會流行。所以我知道電競會流行。」

但是當NRG的第一支遊戲隊伍初登場——參加頗受歡迎的多人射擊遊戲《鬥陣特攻》（*Overwatch*）聯賽的首場比

賽，結果卻不如歐尼爾和其他投資者的期望。他們贊助的團隊的選手始終無法協力作戰；有一半的人不知道彼此的真實姓名。他們更關心的是拿下聯賽紀錄的首殺，而不是為NRG贏得一次比賽，最後他們慘敗。比賽過後，米勒找來霍華德開導這支隊伍。

「嗨，大家好，我想介紹大家認識萊恩。」米勒開場說，「萊恩是世界大賽冠軍、國聯MVP，在好的、壞的球隊都打過球；他知道怎樣才能成為一支好隊伍。今晚，你們不像是一支好隊伍。萊恩，換你說幾句話了。」

「我要說的第一件事就是，你們有誰認為自己不是全世界最厲害的？」霍華德說。

選手嘴裡嘟嘟囔囔的，但沒有回答。

「門在那裡，現在馬上出去。」霍華德繼續說，「如果你認為自己不是全世界最厲害的，或是這支隊伍無法成為全世界最厲害的，那就沒有理由待在這裡了。知道為什麼嗎？因為外面有10萬個小朋友，想取代你們。」

團隊立刻立正站好，旁觀的米勒則大感驚奇。

「你們必須認識彼此，你們必須愛彼此，你們必須信任彼此。如果你們想成為最厲害的團隊，那就沒有人是唯一英雄。你們都想要首殺，是的，那實在太刺激了。但我只能說，我根本不用聽你們對話，也知道你們的溝通爛斃了。你們必須學會如何成為一支好的隊伍。」霍華德說。

霍華德的談話，那些選手聽進去了。「他們謹記在心，我們在那一年改進了每一個階段。」米勒說。團隊合作的氛圍擴散到NRG其他遊戲的戰隊。霍華德親自宣布，選手名單新增一名來自費城的《要塞英雄》（*Fortnite*）選手。A-Rod錄製一段影片，介紹NRG的《戰爭機器》（*Gears of War*）隊伍；羅培 茲、林奇以及史垂瀚也出現在預告影片中。當米勒想招募某個特別有天賦、名叫海鷗的《鬥陣特攻》選手時，歐尼爾在Twitter上慫恿他：「該站出來了吧！過來我們這邊吧。」歐尼爾寫道。海鷗和其他幾位選手隨即加入，而NRG的公司價值也迅速飆升。雖然公司近來沒有融資活動，但如與規模和能力類似的團隊類比，估值在1億美元以上。

就算概念好，做不出產品都白搭

其他演藝人員也加入戰局。電音明星史帝夫・青木在2016年買下以《鬥陣特攻》隊伍聞名的Rogue戰隊控制股權；兩年後，電競巨頭ReKTGlobal買下多數股權，而青木仍握有該公司二位數百分比的股份（青木與ReKT的發言人證實這項交易，但拒絕提供詳細數字）。這項交易對青木來說，是罕見高度公開的商業新聞，他對自己的理財事業和舞台上的狂放喧鬧表現，通常保持沉默（這位如今40出頭的長髮DJ，事業生涯早期花了很多時間，在充滿活力的現場表演中創造朝粉絲扔蛋糕的傳統）。

但是在曼哈頓下城一次氣氛輕鬆隨性的午餐後（沒有糟蹋蛋糕），青木跟我說起他的新創公司投資組合，範圍遠遠超出電競。他在2006年開始思考投資（「我第一次真正賺到一點錢，我心想：『哇，我沒欠債了，等我來到紐約，我再也不用住在爸爸家了。』」）。但青木沒有一下子就投入新創公司，而是想開設自己的連鎖餐廳，讓他的父親——已故的紅花鐵板燒創辦人青木廣彰（Rocky Aoki）——也能刮目相看。

青木曾投資好萊塢的一家韓國烤肉餐廳Shin，其他投資人還有鼓擊樂團（Strokes）的主唱朱利安・卡薩布蘭卡斯（Julian Casablancas）、演員傑瑞德・巴特勒（Gerard Butler）以及《70年代秀》的班底（青木不記得庫奇是否參與其中）。

「老爸，你覺得這筆投資如何？」他問。

「你想聽聽我真正的想法嗎？」他的父親問，「你會賠光所有錢，而我根本不想看到債務，我什麼都不想看到，我現在就告訴你。如果你只是出於虛榮而做，那盡管去做，但我現在就可以告訴你，你的錢是拿不回來的。」

青木沒有理會父親的忠告。「我會證明給他看，也向我自己證明，我做得到。」他心想。那家餐廳短短幾年後就關門大吉了；而年輕的青木再也沒有嘗試過投資，直到2011

年，當時瓦拉赫為了Spotify的藝人融資輪找上他。這位DJ記得是在比佛利山莊的半島酒店與瓦拉赫和西恩・帕克見面。那兩人花了大約5分鐘一起對他推銷，接著帕克就換到另一桌，但青木已經被說服了。他開出六位數的支票——並在幾年後，以大約六倍左右的數字賣出持股。

青木突然間就醉心於新創公司投資，幫忙給一些較早階段的公司以血汗股權加現金股權的組合，進行種子輪融資。其中一家公司Lily，產品是內建攝影機的無人機，只要手腕戴上追蹤裝置，無論走到哪裡，無人機都能緊跟在後並攝影。產品原本的訴求對象是衝浪和單板滑雪的愛好者（或許還有愛砸蛋糕的DJ），卻獲得廣大迴響，2015年在Kickstarter籌募到3400萬美元，之後又獲得資助者追加1500萬美元，包括喬・蒙塔納的Liquid 2 Ventures及羅恩・康威的矽谷天使投資公司。青木所提供的協助，就是在CES和採訪中亮相，推銷這家新創公司。但該公司的創辦人因建造Lily的花費太多，以至於在產品上市前就花光資金。青木不僅損失了六位數的投資，更別說用在推廣宣傳的無數時間。

「那是商業的本質。因此在經歷過幾次這種事之後——那是很重大的一次，產品本身概念非常好，但執行永遠是另一回事。因此在遇到產品概念真的很棒，但產品尚未完全穩健的，我就會非常、非常謹慎。因為到最後，那才會是需要投資的原因。因為創辦人想建構基礎，但我必須確定經營公司的人能解決問題，能夠好好管理與運作。」他說。

青木轉向新創公司末期階段的投資，因為到了那個階段，他已經知道公司有發展前途；這種做法或許永遠得不到五十倍的回報，但他認為可以輕鬆賺到投入成本的好幾倍。他和自己的投資團隊坐下來，寫出簡短的目標公司名單。在2014年到2017年間，他設法投資數家公司，包括Airbnb和Pinterest。

2016年，他發現自己置身在白宮記者協會的晚宴，在座的有媒體人雅莉安娜・哈芬登（Arianna Huffington）、科學教育家比爾・奈（Bill Nye）以及DJ卡利（DJ Khaled）。他跟著這群人進入華府一位權貴家中的派對，在那裡遇到一位Uber的高階主管，對方幫他聯繫上一位SpaceX的員工，此人正在推銷這家私人公司的股份。

「能夠幫忙牽線的人不少，因為他們彼此都是朋友。而且他們基本上都能判斷出誰是真的有意（並且）走一次審查流程：這個人真的要在財務或發展策略上幫助我們，還是只是說說而已？」青木說。

青木的父親始終沒能看到兒子的理財之路開花結果（這位餐廳老闆在2009年過世），但他知道青木廣彰至少會讚賞他的創意事業。「他會很高興我做我自己想做的事。我對這點感到很欣慰。」青木說。

演藝經紀公司也成立創投公司

即使像青木一樣的明星紛紛湧入頂尖新創公司的世界，庫奇和歐希瑞多少仍算在創投世界搶得先機——不只是和其他明星與經紀人相比，甚至是相較於好萊塢一些最有權力的公司也是。

創意家經紀公司在2010年代初期，花了很多時間涉足新創公司投資，「不好笑毋寧死」與其他公司的投資案都獲得成功。最典型的情況是，麥可・亞諾佛接到一家大型創投公司電話，提出預留一家前景看好的新創公司、價值數十萬美元的股權，邀請創意家經紀公司投資。然後他會去敲財務長的門，請求批准，大膽一搏。之後就是針對該經紀公司的整體策略，不斷來回討論；然後通常亞諾佛還是得回頭去找創投業者，婉拒投資。

在某一次這樣的引介之後，亞諾佛在創意家經紀公司洛杉磯總部對街的購物中心，招待一家前景看好的照片分享服務公司創辦人及其合夥人一起午餐。

「貴公司總共有多少人？」亞諾佛在他們落座後問。

「四人。」他的午餐同伴回答。

「那我現在不就是和你們公司一半的人共進午餐？」

「是的，基本上是這樣。」

「好吧，你們要籌措多少錢？你們需要多少？」

「我想您應該投資10萬美元。」

「我沒有10萬美元可以投資。真希望我有。」亞諾佛嘆道。

那位共同創辦人正好是凱文·斯特羅姆（Kevin Systrom），而他的公司是Instagram。沒過幾個月，Facebook以10億美元買下該公司，這普遍被認為是近期矽谷史上較知名的便宜交易之一。但這次經驗給了亞諾佛所需要的子彈，設立CAA Ventures，由該經紀公司及想透過人脈關係獲利的外部投資人，共同資助的一家投資公司。

「重點是，我們能幫忙增加價值嗎？當我被問到：『你想投資Instagram嗎？』並非因為我是個有趣的人，人家樂於和我相處，而是因為對方想要創意家經紀公司對Instagram有所助力。那才是我們受邀參加那些派對的原因。」亞諾佛說。

CAA Ventures從此投資了數十家新創公司，雖然還沒有發現下一個Instagram，但也有一些不錯的機會，包括約會應用程式Hinge（最後被Match收購）和冥想應用程式Calm（庫奇和歐希瑞也有投資）。不久前，許多娛樂及體壇名人紛紛創立投資公司，如凱文·杜蘭特、卡梅羅·安東尼（Carmelo Anthony）、Jay-Z、德瑞克·基特（Derek Jeter）以及柯比·布萊恩等。

不甘落於人後的庫奇和歐希瑞，更加努力奮進自己的創投事業。2018年夏天，證券交易所的一份文件顯示有一家新的投資公司出現：規模1.5億美元的Sound Ventures II。庫奇、歐希瑞以及艾菲・艾普斯坦（Effie Epstein）——雙人組在前一年拉她進來協助經營Sound Ventures——名列董事。

「艾希頓和蓋伊進行投資已經超過十年，因此我們的人際網有不少重疊的地方。他們的聲望超級強大：創辦人優先的心態，又聰明得嚇人。我們花了將近一年時間了解彼此，然後我才加入他們。」艾普斯坦說。

歐希瑞證實自由傳媒集團不是Sound Ventures II的投資者，以及新的公司會是「一些人的共同體」，艾普斯坦則描述投資者是「一個關係緊密的有限合夥團體，包括我們的創辦人、非常大的家族辦公室（family office，為富豪家族進行資產管理與投資理財的私人公司）以及法人機構。」根據艾普斯坦的說法，儘管投資者的組成結構不同，這家投資公司依然符合庫奇與歐希瑞過去十年採用的哲學：投資優秀的創業家，不分產業或階段。

「我們是一家人。直截了當、協力合作而且不怕意見不一。我們三人都在尋找交易來源、評估交易，然後聯合我們在Sound Ventures所建立的傑出團隊，支援我們投資的創業家。」艾普斯坦說。

艾普斯坦和歐希瑞在本書付梓之際，都不願做更詳細的說明。「現階段沒有太多可以說的。」歐希瑞說。

與真正的矽谷富豪並肩而坐

回到奧斯汀的凡贊特飯店，評審已經離開舞台，下去討論參賽者。觀眾悄悄湊到吧檯邊，或者走到外面，享受德州的陽光。我試著跟身邊的觀眾打賭20美元預測蕾貝卡・利柏曼會勝出，但沒人想跟我賭。終於，庫奇和貝尼奧夫、范納洽、麥康納及麥克洛斯基回到台上，還帶著一張有亞馬遜門板辦公桌大小[1]的支票。

「我們已經做出決定了。蕾貝卡還在嗎？」

一整排全穿著Kiss My Asset恤衫的觀眾齊聲大叫，蕾貝卡伴隨著歡呼聲走上舞台。

「蕾貝卡，我們簡短地聊一下，這是我們的盡職調查談話。」庫奇說，「妳對自己公司的估值是多少？」

「現在這一輪要結束了嗎？」她問。

庫奇點頭。

「妳認為妳的公司可能價值多少？」他問。

「這個嘛，如果把它當成像是PayPal一樣，考慮未來的話。」

「我說的是現在。」

「現在，那就是……1000到1200萬。」

1 亞馬遜草創初期，曾用門板當辦公桌。

「如果不是『一張』，而是我們在這裡放了『兩張』，妳覺得怎麼樣？」庫奇問，指著手裡的超大號支票。

「好極了。」

「好吧，LearnLux：20萬！」

群眾爆出歡呼，庫奇再次恭喜她。接著貝尼奧夫走上前。

「還想從我這裡多拿20萬嗎？」這位億萬富豪問。

蕾貝卡激動地接受了，觀眾再次歡呼。

那是蕾貝卡和團隊的巔峰時刻，但對庫奇、歐希瑞以及Sound Ventures來說，也是重大的一刻。他們一開始是跟著有經驗的投資人一起交易，漸漸發展到後來是與柏考合夥，如今他們自身也受到一定程度的尊重，因此矽谷的億萬富豪願意跟著他們進行交易。

蕾貝卡的新創公司，讓人想起巨星天使投資人的投資公式——在前景看好的公司拿到股權，有時候是免費的——而這其實是許多平凡人也都能做到的。就像蕾貝卡在簡報開頭時提到的，有很高比率的員工未能善用雇主提供的投資方案。拒絕401（k）相對提撥的免費資金，這就像是Uber在首次公開發行前提供股份，而名人卻只做壁上觀一樣。

歐希瑞對自己與庫奇的角色，看法略有不同。

「我們不會放棄應得的利益。」他說起和庫奇將投資新創公司，變成另一種好萊塢時尚之前的日子，「我們會跳進來，是因為欣賞這些創辦人的理念以及對於改善生活的新概念與方式，更為之感到興奮與期待。」

Chapter 12

運用新創公司
行善舉

斯瓦巴群島（Svalbard）大約位於挪威最北端海岸到北極之間的中間地帶，居民數僅略高於2000人，在此地遊蕩的北極狐和北極熊，通常比天使投資人或電視演員還多。蘇菲亞．布希2018年拜訪斯瓦巴全球種子庫（Svalbard Global Seed Vault）後，影響了此地的人口結構。該機構就像全球糧食供給的備份——萬一出現災難，各國可從斯瓦巴取得種子，重新啟動他們的農業工程。布希很驚奇地發現，從美國、俄羅斯、委內瑞拉到北韓等國家，在她漫步的這個氣候控制通道中，都有寄存種子。

這並非唯一引起布希興趣的種子投資種類。因為優步的成功經驗使她勇氣大增，她將投資組合擴大到包含像筆友校園（PenPal Schools）之類的新創公司，該公司將150個國家、超過25萬名的學員，與全球各地的教師與同儕結合，提供從金融素養與理財到保護地球等種種課程。

「有人創造這個非常不可思議的教育空間，教導孩子認識世界、認識環境以及認識彼此。」布希在旅程結束後一年，在電話中如此對我說，「那感覺像是一條前進之路，當你看到在課堂上產生的正面結果，孩子們的注意力提高、變得更善良以及對同理心的理解增加，感覺像是一件我們都應該真正關注的事。」

幸好有布希和其他幾人，筆友校園在2017年的種子輪，籌募到超過100萬美元——相較於矽谷常見的案例，這金額只是九牛一毛，但總歸是一個有力的開端。或許更重要的是，這家新創公司突顯一個概念，即慈善與賺錢之間可以並行不悖。這一直是布希和娛樂界同行非常關注的，而且在不少例子中，他們的努力已經產生一些顯著成果。

娛樂、創投以及慈善

「資本主義並非不道德，而是與道德無關。」波諾在一個溫暖夏日，在曼哈頓下城這樣對我說，那是他為《富比世》百年紀念號拍照之前不久，那一期特別號著重介紹全世界仍在世的頂尖商業人才，「而且需要我們的指引。那是一頭需要馴服的野獸，當僕人比當主人好。」

這位U2樂團主唱多年來一直遵循那樣的哲學。在創投方面，他早期投資Facebook、Yelp以及智慧音箱公司Sonos。即使成了全世界最富裕的音樂人之一（自從蓋伊・歐希瑞2013年接任經紀人以來，U2的總收入已經超過5億美元），這位歌手始終念念不忘要發揮自己的影響力，利用市場經濟的力量，為達到更大的公益而努力。

2006年，在達沃斯的世界經濟論壇上，波諾創立RED，該組織與企業合作，將大量的行銷預算用於防治HIV愛滋病毒與愛滋病。在波諾及其友人的龐大平台推動下，RED吸引大約5億美元資金，用以對抗這兩種問題。

波諾接下來的行動發生在娛樂、創投以及慈善的交集點，啟發他的是幾年前與蘇丹裔英國億萬富豪莫・伊布拉欣（Mo Ibrahim）的一段談話。這位電信大亨創立了「伊布拉欣獎」（Ibrahim Prize）——數百萬美元的獎項，頒發給能夠提升自己的國家、又能在任期結束後準時卸任的非洲領導人——歡迎波諾和幾位「矽谷人」（波諾拒絕透露姓名）前往非洲大陸接受挑戰。

「他說：『看看你們，你們自認英勇無畏，但其實你們只是在那斯達克的淺池中玩水。』」波諾記得這位億萬富豪這樣說，「『來非洲投資，那才是深水區。如果你們真的相信我們，那就投資。不只是相信我們，而是要投資我們。』對我來說，睿思（Rise）的起點就從那裡開始。」

波諾說的是TPG Capital旗下的睿思基金（Rise Fund），由他與高階主管比爾・麥格拉山（Bill McGlashan）及eBay

億萬富豪傑夫・史科爾（Jeff Skoll），為了投資非洲等地而共同創立的；另外有一群富豪權貴也加入他們，包括羅琳・鮑威爾・賈伯斯（Laurene Powell Jobs）、理查・布蘭森（Richard Branson）以及伊布拉欣。睿思基金企圖籌募15億美元，該基金的資深顧問約翰・凱瑞（John Kerry）將之比擬為「馬歇爾計畫」（Marshall Plan）的私人基金版本開端。該計畫在第二次世界大戰之後，由美國領導並出資數十億美元來重建歐洲。

睿思基金和其他類似倡議早就應該出現，此時出現，可想而知會有許多人質疑，億萬富豪的存在究竟是不是社會弊端的症狀，而非行善的潛在力量。根據不久前的蓋洛普調查，18到29歲的美國人，51%對社會主義抱持正面看法，與過去十年持平；只有45%的人贊同資本主義，短短兩年下降了12個百分點。

波諾與民主黨政治人物約翰・凱瑞及一群億萬富豪聯手拯救世界，動輒被批評者嘲笑為「新自由主義同人小說」（neoliberal fanfiction），其中最惡劣的說法是：「白人救世主思想與公關手段的邪惡混合體」，目的是為了掩飾機構投資的殘酷面（值得注意的是，在共同創辦睿思基金幾年後，麥格拉山因涉嫌2019年的大學入學操縱醜聞而被捕，之後與TPG Capital分道揚鑣）。

另一方面，很難否認這個世界需要富有想像力的解決辦法。或者正如凱瑞所說的：「在一個需要有100個馬歇爾計畫的年代，卻幾乎沒有什麼人挺身而出，你會怎麼做？答案就是，要以不同的角度思考，而且思考要有創意。」

時候到了

或許不令人意外的是，在這個好萊塢與矽谷軸線上，一些比較著名的人物，也發起與睿思基金類似的倡議，其中包括：安霍創投於2018年宣布成立的文化領袖基金（Cultural Leadership Fund）。該基金由曾任該公司幕僚長五年的克里斯．里昂（Chris Lyons）領頭，希望為創作者和所有者提供一個更公平的競爭環境。

「消費者行為，換句話說也就是消費文化，已經成為成功打造、行銷以及銷售新科技的核心。」里昂與霍羅維茲在一篇介紹該基金的部落格文章中寫道，「非裔美國人發明了從爵士、藍調、搖滾到嘻哈的所有現代音樂形式。而在美國，大部分時尚、舞蹈以及語言創新，都來自這個相對較小的社群。」

里昂和霍羅維茲認為，雖然安霍創投投資了從史帝夫．史陶德（UnistedMasters）到萊恩．威廉斯（Ryan Williams, Cadre）等許多黑人創業家創立的公司，但那些從文化趨勢中獲利的人，和那些創造趨勢的人，背景卻不怎麼一致。因此，文化領袖基金據說籌募了1500萬美元，募資對象包括納斯、珊達·萊姆斯（Shonda Rhimes）、威爾·史密斯、潔達·蘋姬·史密斯（Jada Pinkett Smith）、吹牛老爹以及凱文·杜蘭特。

該基金與安霍創投一同投資，在該公司的人脈網幫助下，提供進入矽谷一些最佳交易的門路——基本上就是將巨星天使投資人的方法制度化，只是目標更高尚。為確保基金不只是讓有錢名人發大財的工具，創建者還做了一點小變化：所有管理費與「利差」（差不多是資產的2%及利潤的20%）會交給專門的非營利組織，協助非裔美國人加入科技業。這樣的思路引起其他矽谷投資人的共鳴。

「現在的消費性科技中，流行文化的比重大於科技。」光速創投的傑瑞米·劉說，他提到公司的投資組合中，三分之一的公司有女性創辦人，高於幾年前的約四分之一，「流行文化領頭人通常較少白人男性，女性和有色人種則比較多。」

因此，就像安霍創投的文化領袖基金專注在引入更多黑人創業家，其他則嘗試處理更大範圍的群體代表性不足問題。以後台創投公司（Backstage Capital）為例，目的是投資由女性、有色人種以及非異性戀社群（LGBTQ）創業家創立的新創公司——儘管這些族群占全世界人口的大宗，在所有創投資金當中，總計卻只拿到20%左右。

後台創投公司的創辦人是阿蘭·漢密爾頓（Arlan Hamilton），原先是旅遊領隊和雜誌出版商。公司的網站形容她是「來自德州的黑人女性」，而且是「徹頭徹尾的同性戀」。她始終沒有從大學畢業，也從沒想過可以打進矽谷——直到「發生了一件事，觸發了一股意想不到的新熱情。她發現娛樂圈名人，像艾倫·狄珍妮、艾希頓·庫奇、特洛伊·卡特，都在投資科技新創公司。」

漢密爾頓籌募了一檔基金，並在2015年設定目標，五年內要投資100家由代表性不足的創業家執掌的新創公司，結果提早一年半就達成目標，將400萬美元平均分配到各種公司，如臉部辨識新創公司Kairos，以及由20多歲的雙胞胎：布蘭登與布雷德利·狄優（Brandon and Bradley Deyo）創立的運動影片分享服務Mars Reel。「我們第一次發現，可以為自己的事業籌募資金。在這之前，我們只會去割草坪和剷雪。」布雷德利在籌措到470萬美元後說（投資人包括德瑞克〔Drake〕、雷霸龍·詹姆斯以及納斯）。

2018年，漢密爾頓宣布後台創投公司的下一步，目標是籌募3600萬美元的基金，鎖定更精準的目標：資助由黑人女性創立的新創公司，一次100萬美元（「有人說這是『多樣化基金』。我稱之為『時候到了』基金。」漢米爾頓在Twitter上說）。藉由證明沒有大學學歷的圈外人，也能成為矽谷圈內人。像特洛伊·卡特之類的名人，也協助後台創投公司之類的機構、漢密爾頓及狄優兄弟之類的人鋪路，與新創公司世界打交道。

「有色人種、來自嘻哈界或與我們有相似創業背景的人，取得交易的機會並不多。」卡特說，指出有一整個世代將看到成功案例，那些產業在未來幾年開放的工作機會不是幾千個，而是幾百萬個。「這是現在日常用語的一部分，已經擴大到舞台或是球場以外的地方。就機會來說，有個更加遼闊的世界。」

而且確實，許多卡特的同行都強調，挑戰常見的投資假設觀點，是改變矽谷一些失衡情況的關鍵。布希是與卡特聯手資助優步的眾多名人之一，她指出開始進入新創公司投資，基本上是因為她在慈善圈建立人脈的結果。

「當女性開始賺錢，會被邀請當慈善家；當男性開始賺錢，會被邀請當投資人。我們一直沒有被獲邀坐到那張講投資的桌子。所以身為一個女人，能身處在一個講投資的場所裡，我覺得十分重要。」她說。

永續投資

雖然傳統上代表性不足的族群，慢慢找到了進入創投世界的新路線，但整個投資環境也逐漸出現根本性的轉變。以美國來說，以社會責任為重點的投資，從2014年到2016年成長超過33%，由6.57兆美元增加到8.72兆美元。

尤其是在川普的2016年選舉之後，以及伴隨而來的環境與社會方案回落，美國年輕人愈來愈關注永續投資：2015年時，有28%的千禧世代對這些選項「非常感興趣」；這個數字在2017年時驟升到38%。不過，許多大眾能接觸到的「影響力基金」（impact fund），最低限額也超出一般水準：全世界最大資產管理公司貝萊德（BlackRock），產品要求的最低投資金額為1000美元；其他公司比較便宜的選項，通常只是沃爾瑪等大型公司的一籃子股票，而這些公司正好又捐贈許多給慈善團體。到了2017年，少數大膽的新加入者，如Motif，允許小規模的影響力投資，這才開始推動進展。但對大多數人來說，選項還是相當有限。

影響力投資的最前線，就像伊布拉欣告訴波諾的，是在非洲之類的地方——而且是在建立改變機制的私人公司。睿思基金在2017年初次登場，迅速超出最初的15億美元資本目標，並一路往20億美元前進，投資在推廣環境與社會公益的公司。

從基金的第一組投資，可見其目標之廣泛。Fourth Partner Energy是印度一家太陽能公司，已經防止超過1600萬噸的碳排放到大氣中。拉丁美洲的Digital House程式編寫學校，短短幾年就從60名學生擴展到超過8000人。Cellulant是肯亞一家金融平台，如今處理非洲12%的數位支付——對一個發展需求往往超出現有傳統銀行基礎設施的大陸來說，地位極其重要。

睿思基金又比大多數公司更進一步，建立分析部門，將影響量化。睿思基金的衡量方式是所謂的「資金影響倍數」（impact multiple of money，IMM），這個衡量標準是以整個社會投資社群數十年的研究為基礎。基金的目標是：每投資1美元，至少能產生2.5美元的IMM。接著睿思基金將這個部門分拆獨立，稱為Y Analytics，讓其他機構也能更輕鬆地將他們的努力成果量化。

「Y Analytics將為追求變革的資本提供訊息，確保花用的每一塊錢都達到最大效益，並提供共同語言以追求正面影響。」TPG Capital在一份聲明中說。目標呢？「縮小差距，以達到（聯合國的）永續發展目標，並推進永續發展及經濟包容性的進展。」

有時候，睿思基金的目標與那些不單只追求社會報酬的投資者，其實也有重疊。或許最有名的投資組合公司是Acorns，該公司向包括TPG本身、自由傳媒集團以及Sound Ventures等一連串投資者，籌募到超過2億美元。「如果你沒有目標，也沒有專注在光明正大地以正道行事，那我們也不會在這裡，因為人家最終不會喜愛產品。」Acorn的柯納說。

歐希瑞補充：「這在我們投資的公司是共同的中心主

旨：改善我們的生活。當一切進展順利，那只是實際目標的副產品，而實際目標就是與全世界最優秀的人才合作，並幫助他們解決問題。」

科技平台終究需要內容

整個資本市場繼續轟隆隆地走過2018年和2019年，短暫觸及歷史高點，從道瓊工業指數到以科技為主的那斯達克指數，都從經濟大衰退的低點翻漲數倍。而在創投界，數字尤其令人瞠目結舌。全球的交易數量在2018年驟升至34000筆，較上一年成長32%，自2014年以來更增加將近60%——換句話說，每年平均成長速度一直在加快。根據Crunchbase的數字，2018年第四季投資了914億美元，比第三季增加2.4%。

在這場大豐收的過程中，好萊塢與矽谷逐漸修復了時有衝突的關係。「我認為現在已經變成『我們有很好的東西，可以一起做。』」比爾．格羅斯說，他的創意工廠孵化器，繼續在帕薩迪納大量產出前景看好的新創公司。「如今已沒有一家公司不是科技公司了。從前娛樂公司自認與科技沾不上邊，但那已經是過去式。」

另一方面，科技平台巨擘知道，他們沒有內容就無法生存。有些公司，如Spotify，就是以音樂傳播無遠弗屆的承諾，來吸引藝人，偶爾還加上股權。其他公司則證明，股票並非是唯一可回報創意人的方式：網飛2018年在內容花了120億美元；2019年增加了20％——那是2000年代中期幾乎無人預料得到的。

「有五、六年的時間，人人都認為：『胡扯，內容再也不會是賺錢的方式了，重點是傳播管道。』所以大家都湧向科技業，以媒體來說就是傳播管道的破壞式創新。然後到後來是任何事都要扯到科技，『科技是新的娛樂。』現在幾乎又回到內容才是真正有價值的，因為現在傳播平台全都爭相想做出有差異化的內容。」瓦拉赫說。

為獲利而幫爭議辯護，值得嗎？

儘管創意社群對無法取得社群媒體平台的股份而焦慮苦惱——許多人覺得那些平台的利基是建立在演藝人員身上，但近年來有關Facebook之類公司的爭議，又讓問題更加複雜。藝人真的願意為了從一家公司直接獲利而為其辯護嗎？這家公司在許多人看來，是邪惡的個人資料囤積者，也是左右選舉的力量，沒有這家公司，川普（並非好萊塢中意的人選）可能永遠也不會當選。

事實上，本身是巡迴音樂家的創投家羅傑・麥克納米（Roger McNamee），連同波諾都是Facebook的早期投資者，他對於這家社群媒體有強烈意見。麥克納米堅稱，他在2016年曾嘗試警告Facebook領導人，陰謀人士會濫用其受眾，結果被置若罔聞。「快速行動、破壞、道歉、重複。他們從第一天起就是這樣做。那是內在固有的文化。」麥克納米說，在2019年發表《糟透了：從Facebook災難中覺醒》（*Zucked: Waking Up to the Facebook Catastrophe*）一書之後，如此形容該公司的做法。

而且即使某些科技巨頭的股價飆升，整個金融界卻已是烏雲罩頂。隨著債務激增、貿易戰爭以及不可預測的領導階層攪動市場，市場劇烈起伏成了常態。不久前，幾家全世界最受期望的新創公司，首次公開發行的表現不如預期，其他公司則索性徹底放棄。一些創投公司一直告誡所投資的公司，要為即將到來的衰退做好準備。

「我們肯定是希望骨頭上有些肉的。」生物科技新創公司Zymergen創辦人說，該公司籌募到數億美元，大部分是在不久前達成，「發起籌資的時間，就是人家還想把錢給你的時候。」

巨星天使投資人及其同盟，在經濟大衰退的烈火中鍛造出一套投資哲學。而且就像特洛伊．卡特等人指出的，在上一次科技泡沫破滅中學到的教訓之一，就是好公司會設法熬過最艱難的時期。

「我們經歷過一段時期，許多資本被分配到一些未必具備創投資助資格的公司；此外，創辦人或許也不應該擔任執行長。公司能夠想出辦法更快獲利，將是向前發展的關鍵要素。我認為將來願意像亞馬遜及Spotify那樣，在可能虧損的情況下長期經營的公司，會愈來愈少。但以優秀的公司來說，我認為他們會繼續獲得充裕資金。」卡特說，

如果只是獲利、獲利、獲利

「如果都只是獲利、獲利、獲利，那我們究竟在做什麼？」蘇菲亞．布希在我們的訪談接近尾聲時，如此問道。

近年來，娛樂界人士也在努力解決同樣的兩難困境，聯合創業家從創投業界吸取經驗教訓，應用在慈善事業中。如麥特．戴蒙（Matt Damon）成立的Water.org，不但努力籌募資金，為全世界最貧窮的家庭進行自來水入戶工程，還藉由建立創投資金，以提供低廉微型貸款所創造的收益，擴大這項計畫。

包括Airbnb、Facebook以及Uber等公司的億萬富豪創辦人，都承諾將半數以上的身家捐贈給慈善團體，這是所謂「樂施誓約」（Giving Pledge）的一部分。這項由比爾．蓋茲、梅琳達．蓋茲以及華倫．巴菲特於2010年發起的倡議，現在全世界大約200位最富裕的個人與夫婦在名單中。在本書付梓之際，睿思正在籌集第二檔規模數十億美元的基金。

當然，這些舉動不會神奇地解決世上所有疾厄，不過至少是個起點。若是運氣好，這一代的電影製作人、運動員、音樂人以及受到他們所啟發的其他人，將會找出更有創意的新方法，讓世界變得更美好。

「我從來沒有商業與文化不同的這種陳腐觀念。無論是一首歌、生意，還是解決世上窮人所面臨的問題，我一直認為我身為一介行動主義分子、藝術家以及投資人所做的事，都是源自同樣的出發點。」波諾說。

而且，下一代的演藝人員已經在利用各自的平台，接續由這位U2主唱等人所推進的對話。

「對於波諾的觀點，我確實認為，如果能夠做點改變，我相信我們可以做更多善事。我的目標始終是討論如何去除『慈善還是商業』的概念。沒有道理不能兩者兼而有之。」布希說。

名詞解釋

好萊塢與矽谷的交會愈來愈頻繁，為詳實紀錄這樣的趨勢與發展，因此書中也出現眾多明星、新創公司、創業家、投資人和經紀人的名字與名稱。為讓讀者能更有系統地享受閱讀樂趣，以下列出相關名詞解釋供參考。

- **A級投資公司**：好萊塢第一家創業投資公司，由隆恩．柏考、艾希頓．庫奇和蓋伊．歐希瑞創立，投資的項目包括Airbnb、Uber、Spotify、沃比．帕克及Pinterest。
- **Acorns**：位於南加州的一家金融科技公司，讓用戶可進行自動小額投資。
- **Airbnb**：住宅共享公司，對傳統飯店業造成生存威脅。
- **BlackJet**：私人飛機共享新創公司，儘管有許多Uber

投資人資助，依然失敗了。

- **Coinbase**：加密貨幣交易平台，有數家大型創投公司及巨星天使資助。
- **Dropbox**：檔案代管服務，在成為數十億美元的公開上市公司前，增加了從納斯到安霍創投等投資者。
- **Facebook**：由馬克・祖克柏等人創立的社群網路。發展迅速的顛覆現狀者，早期投資人有波諾和格雷洛克風險投資公司等。
- **Genius**：歌詞網站，最早稱為Rap Genius，為整個網際網路世界提供註解。
- **Instagram**：照片及影片分享平台，如今為Facebook所有。
- **Jay-Z**（藝名）／蕭恩・卡特：創業家、Uber與BlackJet等公司的投資人；偶爾擔任饒舌歌手。
- **Loudcloud**：由馬克・安德森及本・霍羅維茲創立的軟體公司，後改名為Opsware。
- **Lyft**：汽車共乘共享應用程式，原先稱為Zimride。投資人包括特洛伊・卡特與納斯。
- **Myspace**：社群媒體新創公司與音樂中樞的先驅。
- **Opsware**：見Loudcloud。
- **Patreon**：由康特共同創立的媒體平台，可連結創作者與其愛好者，讓創作者能以直接針對訂戶的方式將作品變現獲利。

- **Pinterest**：社群媒體新創公司，用以展示美好事物的美麗影像。
- **Ring**：虛擬門鈴新創公司，以超過10億美元被亞馬遜收購。先前的投資者包括歐尼爾與納斯。
- **Sound Ventures**：庫奇與歐希瑞在A級投資公司獲得成功後，所創立的創投公司。
- **Spotify**：串流音樂網站，由丹尼爾．艾克與馬汀．羅倫特松創立。
- **Twitter**：微網誌網站，經庫奇和其他好萊塢明星推廣而普及。
- **Uber**：汽車共享共乘公司，由崔維斯．卡拉尼克創立，投資者包括A級投資公司。
- **Y Combinator**：新創公司加速器，幫助催生包括Airbnb、Genius及Coinbase等公司。
- **保羅．艾倫**：已故的微軟共同創辦人、搖滾音樂狂熱愛好者。1990年代初期為科技和娛樂界牽線搭橋。
- **布萊恩．切斯基**：Airbnb的共同創辦人、庫奇與歐希瑞的好友、致力打造辦公室文化。
- **比爾．蓋茲**：微軟共同創辦人、慈善家。長期位居美國最富裕人士排行榜首位，以及《吸血鬼獵人巴菲》影集粉絲。

- **比爾．格羅斯**：創意工廠共同創辦人、歐希瑞與庫奇的投資導師、Google的早期股東。
- **波諾**（藝名）／保羅．休森（Paul Hewson）：U2樂團主唱、Facebook投資者、慈善家。由歐希瑞擔任其經紀人。
- **本．霍羅維茲**：創業家、創業投資家、嘻哈音樂狂熱愛好者。他的安霍創投公司資助的公司包括Airbnb、Lyft及Dropbox。
- **保羅．麥卡尼**：傳奇樂團披頭四前團員，相當重視音樂版權。
- **碧昂絲**：全球流行偶像、超級巨星歌手、Uber投資人。
- **布萊恩．奇斯克**：創業家、創業投資家。夏威夷衫狂熱愛好者。
- **馬克．安德森**：網景共同創辦人，與本．霍羅維茲共同創立安霍創投，資助Airbnb、Lyft、Dropbox等公司。
- **麥可．布蘭克**：創意家經紀公司經紀人、棒球明星巴斯特．波西鐵粉。是許多創作應用程式背後的驅動力量。
- **馬克．庫班**：億萬富豪創業家、NBA達拉斯獨行俠隊老闆、《創智贏家》評審。

- **馬汀・羅倫特松**：與丹尼爾・艾克共同創辦瑞典音樂串流巨擘Spotify。
- **麥可・馬**：創業家、種子期創投家，與喬・蒙塔納共同創辦Liquid 2 Ventures以及與歐希瑞和庫奇投資Cowlar。
- **馬博德・莫哈丹**：從Genius出走的共同創辦人。
- **麥可・奧維茨**：創意家經紀公司創辦人，當代好萊塢商業模式先驅。霍羅維茲的商業顧問。
- **麥可・亞諾佛**：創意家經紀公司經紀人，協助該經紀公司進軍新創公司投資。
- **馬克・祖克柏**：Facebook創辦人，瓦拉赫的哈佛同學。
- **丹尼爾・艾克**：與馬汀・羅倫特松共同創辦瑞典音樂串流巨擘Spotify。
- **大衛・羅斯**：曾寫過一本有關天使投資的作品：《天使投資》。
- **特洛伊・卡特**：音樂產業界元老、女神卡卡前經紀人；對Spotify從抱持懷疑變成投資人，又成為該公司主管；所資助的公司包括Uber、Lyft及Spotify。
- **托尼・岡薩雷斯**：NFL傳奇球星，投資超越肉類及FitStar（後來被Fitbit收購）。
- **湯姆・雷曼**：Genius的共同創辦人兼執行長，製陶專家。

- **納斯**（藝名）／納西爾・瓊斯（Nasir Jones）：饒舌歌手、創業投資家。與霍羅維茲是朋友，兩人經常搭檔合作投資。是Genius、Ring、Lyft、Dropbox及數十家公司的早期資助者。
- **妮可・奎恩**：專攻零售業的創業投資家（光速創投）。
- **理查・布蘭森**：億萬富豪、維珍集團創辦人，投資包括Ring與Square等獨角獸公司。
- **隆恩・柏考**：億萬富豪，從超市大亨變身成為新創公司投資者，與庫奇和歐希瑞共同創立A級投資公司。
- **羅恩・康威**：矽谷天使投資公司創辦人、推特與Facebook等公司的投資人。
- **勞勃・迪格斯**：武當幫領袖、西洋棋狂熱愛好者、新創公司投資人。
- **雷霸龍・詹姆斯**：NBA球星，資助的公司包括德瑞博士的Beats、Blaze Pizza及Mars Reel。
- **洛罕・歐札**：從可口可樂／雪碧發跡的行銷大師，維他命水交易的共同締造者。
- **羅賓漢**：免手續費的股票交易平台，包括傑斯、納斯及凱文・杜蘭特等名人都是資助者。
- **羅伯特・史維普**：作家，長期擔任洛杉磯道奇隊主管。

- **格雷洛克風險投資公司**：位於矽谷的風險投資公司，投資項目包括Airbnb、Facebook、Dropbox及Instagram。
- **葛妮絲・派特洛**：演員、生活時尚新創公司Goop創辦人。
- **蓋伊・歐希瑞**：瑪丹娜與U2的經紀人，與艾希頓・庫奇共同創立A級投資公司及Sound Ventures，Uber、Airbnb、Spotify及數十家公司的早期投資者。
- **凱文・杜蘭特**：NBA球星、矽谷投資人，投資的公司包括Postmates及Acorns。
- **克里斯・萊蒂**：五角已故的經紀人，兩人曾共同締造維他命水的交易。
- **克里斯・薩卡**：30多歲就退休的億萬富豪投資人。Lowercase Capital創辦人、Uber早期資助者、庫奇與歐希瑞的搭檔、牛仔襯衫迷。
- **快遞幫物流公司**：餐飲外送新創公司，資助者包括凱文・杜蘭特等人。
- **海蒂・羅伊森**：在矽谷工作數十年，具有豐富的公司高階主管經驗，工作領域遍及科技業（蘋果）和創投業（德豐傑）。
- **霍華德・羅森曼**：知名電影製片，對好萊塢與矽谷早期試圖攜手合作的情況有獨到與密切的觀察。

- **紅杉資本**：資助從蘋果到Zappos等公司的矽谷創投公司。
- **傑森・阿爾丁**：鄉村歌手、Tidal投資人。
- **潔西卡・艾芭**：明星女演員、誠實公司創辦人、新創公司投資人。
- **傑克・康特**：獨立音樂雙人組Pomplamoose的一員、Patreon創辦人。
- **傑瑞德・雷托**：演員、音樂人；投資數十家新創公司，包括羅賓漢。
- **傑瑞米・劉**：專攻零售業的創業投資家（光速創投）。
- **傑米・西米諾夫**：虛擬門鈴新創公司Ring的創辦人，該公司的投資人包括歐尼爾與納斯，而後於2018年由亞馬遜以10億美元收購。
- **喬許・艾爾曼**：矽谷元老級人物，曾任職Facebook、推特、格雷洛克風險投資公司及羅賓漢。
- **喬・蒙塔納**：NFL名人堂球星。羅恩・康威的投資夥伴、Liquid 2 Ventures共同創辦人。與庫奇和歐希瑞一同資助Cowlar。
- **喬治・赫曼・「貝比」・魯斯**：棒球名人堂球星，巨星天使的最初型態。

- **小賈斯汀**：流行音樂界偶像，投資Spotify等公司。
- **俠客·歐尼爾**：NBA名人堂球星，偶爾客串饒舌歌手、演員、警察等角色。Google、Ring、維他命水、Uber及Lyft的早期資助者。
- **薛文·皮西瓦**：創業投資家，Uber、Airbnb及眾多公司的早期投資者。
- **吹牛老爹**（藝名）／尚恩·庫姆斯（Sean Combs）：壞小子唱片創辦人；嘻哈音樂演出經理人；隆恩·柏考與本·霍羅維茲的投資夥伴。
- **創意家經紀公司**：好萊塢大型經紀公司，由麥可·奧維茨共同創辦。透過旗下創投公司CAA Ventures，投資從Patreon到約會服務Hinge等公司。
- **創意工廠**：比爾·格羅斯的心血結晶，串聯娛樂界和科技界的早期樞紐，催生出數家億萬美元公司的孵化器。
- **史帝夫·青木**：DJ／製作人，投資包括Uber及Spotify等公司。
- **史庫特·布勞恩**：發掘小賈斯汀的好萊塢超級經紀人，Uber、Spotify以及許多公司的贊助者。
- **史帝夫·史陶特**：行銷大師，Jay-Z與霍羅維茲的朋友及投資搭檔。
- **蘇珊·佛勒**：軟體工程師、作家、揭發Uber內部不當文化的吹哨者、鼓吹改變矽谷文化的倡議者。

- **亞當・利林**：連結明星與新創公司的Plus Capital創辦人。
- **伊蘭・澤柯里**：Genius的共同創辦人兼董事長；受過訓練的催眠治療師。
- **烏莫・阿德南**：Cowlar創辦人，該公司號稱「乳牛的Fitbit」。
- **五角**（藝名）／柯蒂斯・傑克森：饒舌歌手、創業家、維他命水投資人。
- **維他命水**：調味水品牌，五角及歐尼爾加入為資助者，後來母公司Glacéau被可口可樂以41億美元收購。
- **瓦拉赫**：創業投資家、音樂人、馬克・祖克柏的大學同學、Spotify等公司的投資人。
- **威廉・莫里斯經紀公司**：好萊塢超級經紀公司，由阿里・伊曼紐（Ari Emanuel）掌舵。
- **阿蘭・漢密爾頓**：後台創投公司創辦人，該公司致力於投資女性及有色人種。她視卡特與庫奇等人為事業啟發者。
- **阿姆**（藝名）／馬紹爾・馬瑟斯（Marshall Mathers）：2000年代暢銷饒舌歌手，德瑞博士的門生。
- **阿曼達・帕爾默**：傑出的創作人、德勒斯登娃娃樂團主唱、Patreon藝人。

- **艾希頓・庫奇**：演員。歐希瑞的長期事業合作夥伴、A級投資公司與Sound Ventures的共同創辦人。他是Airbnb、Uber、Spotify及許多公司的早期資助者。
- **艾菲・艾普斯坦**：庫奇與歐希瑞在Sound Ventures的合作夥伴。
- **安東尼・薩列**：納斯的經紀人。投資Dropbox、Lyft、Genius、Ring等許多公司。

國家圖書館出版品預行編目（CIP）資料

巨星天使投資人的誕生：從有錢，變超有錢！好萊塢與體壇如何破解創投密碼，顛覆矽谷 / 查克・歐麥利・葛林堡(Zack O'Malley Greenburg）作；林奕伶譯 . -- 二版 . -- 臺北市：今周刊出版社股份有限公司, 2024.05

面；　公分 . --（投資贏家系列；78）

譯自：A-List Angels: How a Band of Actors, Artists, and Athletes Hacked Silicon Valley

ISBN 978-626-7266-74-8（平裝）

1.CST: 創業 2.CST: 創業投資

494.1　　　　113005322

投資贏家系列 078

巨星天使投資人的誕生

從有錢，變超有錢！好萊塢與體壇如何破解創投密碼，顛覆矽谷

A-List Angels: How a Band of Actors, Artists, and Athletes Hacked Silicon Valley

作　　者　查克・歐麥利・葛林堡（Zack O'Malley Greenburg）
譯　　者　林奕伶
編　　輯　許訓彰
校　　對　蔡緯蓉、許訓彰
行銷主任　朱安棋
業務主任　林苡蓁
印　　務　詹夏深
封面設計　賴維明
內文排版　家思編輯排版工作室

出 版 者　今周刊出版社股份有限公司
發 行 人　梁永煌
社　　長　謝春滿

地　　址　台北市中山區南京東路一段 96 號 8 樓
電　　話　886-2-2581-6196
傳　　真　886-2-2531-6438
讀者專線　886-2-2581-6196 轉 1
劃撥帳號　19865054
戶　　名　今周刊出版社股份有限公司
網　　址　http://www.businesstoday.com.tw

總 經 銷　大和書報股份有限公司
製版印刷　緯峰印刷股份有限公司
二版一刷　2024 年 5 月
定　　價　380 元

Investment

Investment